KB070979

국가중요시설과
안티드론

국가중요시설과 안티드론

초판 1쇄	2021년 02월 25일
2쇄	2021년 03월 19일

지은이	곽해용
총괄 · 기획	전재진
디자인	이근택 김다윤
교정 · 교열	박순옥 전재진
마케팅	이연실

발행처	도서출판지식공감
등록번호	제2019-000164호
주소	서울특별시 영등포구 경인로82길 3-4 센터플러스 1117호(문래동1가)
전화	02-3141-2700
팩스	02-322-3089
홈페이지	www.bookdaum.com
이메일	bookon@daum.net

가격	12,000원
ISBN	979-11-5622-583-6 93550

Nation's Critical Facilities and Anti-Drone

국가중요시설과
안티드론

| 곽해용 지음 |

세계적인 드론 시장 조사 업체인 DRONII(DRONE Industry Insights)의 자료에 의하면, 2020년 COVID(코로나 바이러스 감염증)−19로 인해 전반적으로 세계 경제의 부진에도 불구하고 오히려 드론 분야는 상업적으로 배송 분야 등에서 큰 이익을 남겼다고 한다. 드론의 글로벌 시장 규모는 2020년 225억 달러 대비 연평균 성장률 13.8%로, 2025년에는 2배 규모인 428억 달러로 성장할 것으로 예상하고 있다.

1990년대 중반에 군사용 정찰 임무를 시작으로 널리 알려진 드론은 2000년 이후부터는 기술의 발전과 함께 경량화, 저비용으로 민간 부문에서 영화와 방송 촬영, 재난과 재해, 구호 등 산업용과 레저용 등으로 활용되고 있으며 최근에는 공연 드론에 이르기까지 그 활용 범위가 매우 방대하다. 하지만 드론 기술의 발전에 따라 드론을 이용한 불법적 사생활 침해는 물론 폭탄 테러와 같은 위협 사례들이 최근 전 세계적으로 문제가 되고 있다. 이러한 드론 테러를 차단(무력화)할 수 있는 안티드론(Anti-drone) 기술을 국내외에서 앞다투어 개발하고 있다. 안티드론 시스템이 필요한 곳은 테러가 발생할 수 있는 주요 군부대, 국가중요시설, 국가 정상급 회담장, 주요 행사장, 대규모 공연장이나 경기장 등일 것이다. 특히 국가중요시설은 공공기관, 공항·항만, 주요 산업 시설 등 적에 의하여 점령, 또는 파괴되거나 기능이 마비될 경우 국가 안보와 국민 생활에 심각한 영향을 주게 되는 시설로, 국가중요시설 관리자는 자체 방호 계획을 수립해야 하며, 경비·보안 및 방호 책임을 지도록 되어 있다. 이젠 드론 테러라는 변화된 위협에 맞는 새로운 방호 시스템을 도입해야 할 때이다.

국내외 드론 전문가들이 흔히 언급하듯이 이제는 국가중요시설에 '만일' 드론 테러가 발생하게 된다면 어떻게 할 것인가가 아니라 '언제' 발생할 것인가가 주목되고 있는 현실이다. 이 책에서는 국가중요시설과 드론, 안티드론 시스템에 대한 일반적인 고찰과 함께 전문가 그룹을 대상으로 계층 분석(AHP) 기법을 활용하여 안티드론 시스템의 단계별로 식별된 세부 중요 영향 요소들에 대한 가중치를 분석하였다. 그리고 국가중요시설에 설치할 안티드론 시스템 대안을 설정하여 그 가중치도 살펴봄으로써 안티드론 시스템을 구축하는 하나의 기준을 제시하고자 했다.

국가중요시설에서 통합 방호 업무를 경험해 본 저자는 드론 테러에 대응할 안티드론 시스템에는 어떤 기능들이 필요하며, 무엇이 더 중요한가에 대해 항상 궁금했었다. 이런 궁금증에서 출발한 저자의 박사 학위 논문을 보완하여 쓴 이 책이 국가중요시설에 대해 방호 책임을 지고 있는 관리자들과 관계자들에게는 업무 수행에 참고 자료가 되고, 일반인들에게는 국가중요시설과 안티드론에 대한 이해도를 높이는 계기가 되었으면 하는 작은 기대를 해본다.

2021년 봄을 기다리며

곽해용

Contents

제2장
드론 및 드론 테러

제1장

국가중요시설

01
드론 테러 위협에 노출된 국가중요시설

현대 사회는 4차 산업혁명의 급격한 발전으로 국민의 삶은 편리해지고 있지만, 보안의 취약성도 증가하여 범죄 및 테러 발생 형태가 다변화되고 있다. 최근 4차 산업 기술이 집약된 드론도 드론 테러로 인한 위협이 갈수록 현실로 나타나고 있다. 2020년 1월 미국의 가셈 솔레이마니(Qassem suleimani) 쿠드스군(Quds, 이란 혁명수비대의 정예군) 사령관 제거 작전을 통해 드론의 공격력과 가공할 만한 정확성에 대해 다시 한번 전 세계가 놀랐다. 2019년 9월에는 사우디아라비아 국영 석유 회사인 아람코(ARAMCO)의 세계 최대 석유 생산 시설 두 곳이 드론 폭탄 공격을 받았다. 10여 대의 드론이 원유 생산 및 정제 시설을 공격하여 사우디아라비아 석유 생산 능력 50%가량이 축소되었다고 한다. 이로 인해 국제 원유가는 19%가량 폭등하였으나 사우디아라비아가 피해 시설의 복구 완료를 발표하면서 진정되었다고 알려졌다.('사우디에서 드러난 드론테러의 위협', 박보라, 2019) 이처럼 드론의 기술이 점차 향상되어감에 따라 드론이 안전에 대한 위협뿐만 아니라 안보까지 위협하는 사례가 증가하고 있다. 2019년 1월 영국 히스로 공항, 2월에는 아랍에미리트 두바이 공항, 그리고 3월에는 독일 프랑크푸르트 공항에서도 드론 때문에 비행기 운항이 중지되는 사고가 발생했다. 이미 국내에서도 2014년부터 북한 무인기가 서울과 서해 5도 상공을 비롯하여 사드가 배치된 성주까지 사진 촬영을 하고 복귀 도중 추락한 것이 발견되기도 했다. 이러한 사례에서 언급되었던 시설들은 모두 그 나라의 '국가중요시설'들이었다. 여기에 사용되었던 무인기들은 쿠드스군 사령관 제거 작전에 사용되었던 군용 드론도 있지만 대부분 상용 제품들이다. 문제는 이러한 상용 제품들이 언제든지 군사적 목적이나 테러용으로 전용될 수 있다는 사실이다. 민간에서 사용하는 대부분 상용 무인기들이 소형이고 전기 모터를 사용하기 때문에 우리가 쉽게 발견하거나 확인하기는 어렵다. 또 유인 전투기보다 가격도 매우 저렴하고 아군 인명 피해를 최소화하면서 적의 피해를 극대화할 수 있어 그야말로 가성비가 좋은 편이다. 앞서 예를 들었던 사우디아라비아 원전에 사용된 드론도 이란산으로 1대당 1만 5천 달러(약 1,773만 원)였다고 한다.('드론 테러로부터 일상의 안전을 지키는 안티드론', 시큐리티월드, 2019) 1900년대 중반에 군사용으로 처음 활용되던 드론이 2000년 이후에는 기술 발전과 함께 부품의 경량, 저가화로 민간 부문에서 다양한 산업과 레저용으로 각광을 받고 있다.

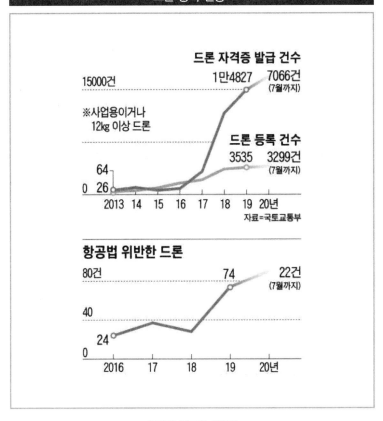

드론 자격증 발급 건수

15000건

1만4827 7066건
(7월까지)

※사업용이거나
12kg 이상 드론

드론 등록 건수

3535 3299건
(7월까지)

64
0 26

2013 14 15 16 17 18 19 20년

자료=국토교통부

항공법 위반한 드론

80건 74 22건
(7월까지)

40

24

0

2016 17 18 19 20년

©국회 김교홍 의원실

----

1 조선일보, "드론 1만 4,000대 '붕붕', 항공기가 불안하다",
https://www.chosun.com/national/2020/10/17/IV4YPFSJVBCBXHIJG
UREERBLKI/?utm_source=naver&utm_medium=original&utm_campaig
n=news (검색일자: 2020. 10. 17.)

드론은 개인 휴대전화로 간편하게 조작되는 편의성과 경제적 측면에서 방송, 재난, 재해, 구호, 농사 등 다양하게 활용되고 있다. 국내에서도 국토부에 등록된 드론은 2015년 925대에서 2020년 7월 기준 14,011대로 5년 만에 약 15배가 늘었다. 또 증가하는 드론만큼 드론의 항공법 위반 사례도 늘어나고 있다. 2016년부터 2020년 7월까지 위반한 드론 운항 건수는 총 185건이다. 드론 이용자가 증가하는 가운데 국가중요시설 중 하나인 국제 및 국내 공항 인근 등 비행금지 구역에서 불법 드론 운항으로 항공기 운항 안전이 심각하게 위협받고 있다.

우리의 안전과 안보를 위협할 수 있는 국가중요시설 드론 공격에 대응할 수 있는 것이 바로 안티드론(Anti-Drone) 시스템이다. 안티드론 시스템은 센서에 의한 탐지 및 식별 기술과 물리력에 따른 비행 차단(무력화) 기술로 크게 구분된다. 지금 국내외적으로 드론 시장과 함께 이런 안티드론 기술 시장도 급격하게 커지는 추세이다. 미국의 글로벌 시장 조사 업체 마켓앤마켓(Markets and Markets)은 안티드론 시장이 2020년 6억 달러에서 2025년에는 24억 달러로 커지리라 전망하고 있다. 2020년부터 2025년까지 연평균 32.2% 성장을 전망했는데, 전 세계적으로 드론 테러와 불법 드론의 활동 증가, 미확인 드론의 보안 침해 발생률 증가를 주요 요인으로 들었다.(asdreports.com, 2020) 매우 낮은 피탐지율, 높은 위치 정밀도를 가진 드론을 이용해 위험한 테러 행위를 무력화시키기 위해 정밀도와 정확도가 더

강조되는 안티드론 기술(Anti-Drone Technology)을 확보하려고 각국에서 서둘러 기술을 개발하고 있다.

지금까지 우리는 군사분계선 이북에서 날아오는 고정익 북한 무인기 대응에만 집중적인 관심을 가졌고, 더 파괴적이고 위협적인 무인 멀티콥터의 공격에 대해서는 크게 관심을 가지지 않았던 것이 사실이다.

이 책은 국가중요시설에 드론 테러가 발생하게 되면 이에 적절하게 대응할 수 있는 안티드론 시스템 구축에 관한 내용을 다루고 있다. 이제는 국가중요시설 안티드론 시스템에 대한 필요성을 논할 단계를 지나 당연히 설치해야 한다는 전제하에 어떤 기준으로 구축할 것인가에 초점을 두었다. 지금도 국회에서는 안티드론과 관련된 법 제정 및 개정 활동을 계속해 나가고 있다. 그러나 아직 안티드론 시스템을 어떻게 구비해야 할 것인가에 대한 기준 설정이 미흡한 상태이다. 국가중요시설별로 관리자들이 자체적으로 책임지고 방호하도록 하는 규정만 있을 뿐, 어떠한 기준을 제시한 것도 없다. 국가중요시설별로 그 특성과 여건이 제각각 다르기 때문일 것이다. 24시간 내내 보초병에 의해 관측과 감시 활동이 진행되는 군사 중요 시설과 달리 국가중요시설은 상대적으로 드론 공격에 대응할 방호 시스템이 미흡한 것이 사실이다. 이제는 4차 산업과 함께 부상하고 있는 드론 테러의 위협이 존재하지 않았을 때 설정되었던 전통적인 방호 개념을 벗어나야 할 때이다.

02

국가중요시설의
개념과 중요성

국가중요시설은 통합방위법 제2조에 따르면, "공공기관, 공항·항만, 주요 산업 시설 등 적에 의하여 점령, 또는 파괴되거나 기능이 마비될 경우 국가 안보와 국민 생활에 심각한 영향을 주게 되는 시설을 말한다."라고 정의하고 있다. 또 국가중요시설은 동법 제21조 제4항에 "국방부 장관이 관계 행정기관의 장 및 국가정보원장과 협의하여 지정한다."라고 명시되어 있다. 국가중요시설 용어는 민간 경비 분야를 대상으로 하는 경비업법 시행령 제2조에도 "대통령령이 정하는 국가중요시설이라 함은 공항·항만, 원자력 발전소 등의 시설 중 국가정보원장이 지정하는 국가 보안 목표 시설과 통합방위법 제21조 제4항의 규정에 의하여 국방부장관이 지정하는 국가중요시설을 의미한다."라고 명시되어 있다. 통합방위법에 명시된 '국가중요시설'과 경비업법 시행령에 명시된 '국방부 장관이 지정하는 국가중요시설'은 동일하다. 국가중요시설은 국방부 장관이 국가정보원장과 협의하여 지정하기 때문에 국가정보원장이 지정하는 국가 보안 목표 시설도 결국 국가중요시설에 포함된다고 볼 수 있다. 국가중요시설의 지정은 '국가중요시설 지정 및 방호 훈련' 제8조 지정 절차에도 시설 관리자가 신규 지정, 등급 변경 및 해제를 하고자 하는 경우 관계 행정기관의 장 또는 지역 군사령관을 경유하여 국방부 장관에게 요청하도록 되어 있다.

국가중요시설이 중요한 이유는 국가중요시설 경비를 통해 평시와 전시에 전투력을 확보하고 보호할 수 있다는 점, 국가중요시설에 테러나 범죄 발생 시 국가의 근본적인 안녕과 질서가 침해되고 수많은 인명 피해가 발생한다는 점 등을 통해 알 수 있다. 또 국가중요시설은 평시에는 국가의 전반적인 산업 발전과 국력을 높이는 데 기여하며, 전시에는 전쟁 수행을 지원하는 시설로서 중요한 역할을 하게 된다. 따라서 국가중요시설은 공공재적인 특성을 가진 민간 기업체로서는 대체성이 없어서 대체로 국가에서 경영한다. 또한 시설의 기능이 마비될 경우 국가와 국민에게 미치는 영향이 매우 크기 때문에 안전하게 보호되어야 하며, 항상 이에 대한 대비책을 마련해야 한다.('국가중요시설의 물리 보안 수준과 보안 정책 준수 의지가 보안 성과에 미치는 영향', 최연준, 2018 / '국가중요시설 안전관리 강화방안', 정태황, 2011)

03
국가중요시설의
대상 및 분류

    국가중요시설의 대상은 아래와 같이 주요 국가 및 공공기관 시설, 주요 산업 시설, 주요 전력 시설, 주요 방송 시설, 주요 정보통신 시설, 주요 교통 시설, 주요 국제·국내선 공항 등으로 구분된다.

구분	대상
주요 국가 및 공공기관 시설	청와대, 국회의사당 등
주요 산업 시설	철강, 조선, 항공기, 정유, 중화학, 방위산업, 대규모 가스·유류 저장 시설
주요 전력 시설	원자력 발전소, 대용량 발전소, 변전소
주요 방송 시설	전국 및 지역권 방송국, 송신·중계소
주요 정보통신 시설	국제위성지구국, 해저통신중계국, 국가기간전산망, 전화국
주요 교통 시설	철도 교통관제센터, 지하철 종합사령실, 교량, 터널
주요 국제·국내선 공항	인천·김포 공항
기타 시설	대형 항만, 수원 시설, 과학 연구 시설, 교정 시설, 대도시 주요 지하공동구 등

ⓒ국가중요시설 지정 및 방호 훈령(2014. 2. 26.)

국가중요시설은 시설의 기능·역할의 중요성과 가치의 정도에 따라 국가중요시설 '가'급, '나'급, '다'급으로 구분한다.

구분	분류 기준	유형
'가'급	광범위한 지역의 통합 방위 작전 수행이 요구되고, 국민 생활에 결정적인 영향을 미칠 수 있는 시설	청와대, 국회의사당, 대법원, 정부청사, 원자력 발전소, 공영 라디오·TV 방송 제작 시설, 국제공항 등
'나'급	일부 지역의 통합 방위 작전 수행이 요구되고, 국민 생활에 중대한 영향을 미칠 수 있는 시설	대검찰청 및 경찰청 청사, 국제위성지구국, 주요 국내 공항 등
'다'급	단기간 통합 방위 작전 수행이 요구되고, 국민 생활에 상당한 영향을 미칠 수 있는 시설	중앙 행정기관의 청사, 중요 국공립 기관 등

ⓒ국가중요시설 지정 및 방호 훈령(2014. 2. 26.) 제7조 국가중요시설의 분류 기준

국가중요시설 '가'급은 적에 의하여 점령 또는 파괴되거나 기능 마비 시 광범위한 지역의 통합 방위 작전 수행이 요구되고, 국민 생활에 결정적인 영향을 미칠 수 있는 시설을 말한다. '나'급은 적에 의하여 점령 또는 파괴되거나 기능 마비 시 일부 지역의 통합 방위 작전 수행이 요구되고, 국민 생활에 중대한 영향을 미칠 수 있는 시설을 말한다. '다'급은 적에 의하여 점령 또는 파괴되거나 기능 마비 시 제한된 지역에서 단기간 통합 방위 작전 수행이 요구되고, 국민 생활에 상당한 영향을 미칠 수 있는 시설을 말한다.

04
국가중요시설의 방호

세계적으로 불특정 테러 집단에 의해 언제 어디서든 테러가 발생할 수 있는 위험에 처한 오늘의 현실에서 국가중요시설에 대테러 대응 체계를 유지하는 것은 매우 중요한 국가 과제 중 하나이다. 통합방위법 제21조 제1항에 국가중요시설 관리자는 경비·보안 및 방호 책임을 지며, 통합 방위 사태에 대비하여 자체 방호 계획을 수립하여야 한다고 명시하고 있다. 또 지방 경찰청장 또는 지역 군사령관은 국가중요시설에 대한 방호 지원 계획을 수립·시행하여야 하며, 국가중요시설의 평시 경비·보안 활동에 대한 지도·감독은 관계 행정기관의 장과 국가정보원장이 수행하도록 명시되어 있다.

가. 청원 경찰, 특수 경비원, 직장 예비군 및 직장 민방위대 등
   방호 인력, 장애물 및 과학적인 감시 장비를 통합하는 것을
   내용으로 하는 자체 방호 계획 수립·시행. 이 경우 자체 방호
   계획에는 관리자 및 특수 경비업자의 책임하에 실시하는 통

합방위법령과 시설의 경비·보안 및 방호 업무에 관한 직무 교육과 개인화기를 사용하는 실제의 사격 훈련에 관한 사항이 포함되어야 한다.

나. 국가중요시설의 자체 방호를 위한 통합 상황실과 지휘·통신망의 구성 등 필요한 대비책의 마련

통합방위법 시행령 제32조에도 국가중요시설의 관리자는 표에서와 같이 각 목의 업무를 수행해야 한다고 명시하고 있다. '통합방위지침(대통령훈령 398호)'과 '국가중요시설 지정 및 방호 훈령'에도 국가중요시설 관리자는 국가 방위 요소(군, 경찰, 지역 예비군, 민방위대 및 자체 방호 인력 등을 포함한다.)를 통합하여 자체 방호 계획을 수립할 때 3지대 방호 개념에 의한 책임 지역 방호 및 지휘 체제와 국가중요시설의 특징, 지형 여건 등을 고려한 방호 인력·시설물·장비 운용 계획을 포함하도록 되어 있다.

3지대 방호 개념은 현재 군과 국가중요시설에서 사용하고 있는 경계 개념으로 방호 지역을 세 가지 지대로 구분하는 것을 말한다. 경계 지대를 제1 지대로, 주 방어 지대를 제2 지대, 핵심 방어 지대를 제3 지대로 구분하는 경비 구역이다. 제1 지대인 경계 지대는 시설 울타리의 전방 취약 지역에서 적이 시설에 접근하기 전에 저지할

수 있는 예상 접근로상의 길목이나 감제 고지를 통제하는 지대이다. 불규칙적으로 지역 수색과 매복 활동을 하여 적의 은거 탐지와 침투 대비책을 수립·시행하고, 군·경·예비군 부대와 협조하여 수립한 방호 계획에 따라 방호하며, 시설 관리자 책임하에 제 작전 요소와의 통신 대책을 세우는 지대를 말한다. 제2 지대는 시설 내부와 핵심 시설로 침투하는 적을 결정적으로 방어하기 위한 지대이다. 시설의 울타리나 벽을 연하여 외곽의 소총 유효 사거리를 고려하여 구역을 설정하고, 시설 자체 경계 요원을 두어 주야간 초소 운용 및 순찰 활동으로 출입자를 통제하며, 현대화된 과학화 장비 및 시설물(CCTV, 장력선, 경보시스템 등을 말한다.)을 설치·운용하여 적의 침투 대비책을 수립·시행하는 지대를 말한다. 제3 지대는 시설의 주 기능에 결정적인 영향을 미치는 주요 핵심 시설이 있는 지대이다. 주 방어 지대의 종심을 보강하고, 주야간 경계 요원에 의한 계속적인 감시·통제가 될 수 있도록 경비 인력 운용 및 시설의 보강(지하화, 방호벽, 방탄망 설치 등을 말한다.)을 최우선적으로 설치·운용하여 침투한 적을 최종적으로 격멸하는 지대를 말한다.(통합방위지침, 2018) 드론 테러와 같은 위협 사례들이 전 세계적으로 문제가 되는 현 상황을 고려해 보면, 국가중요시설에서 3지대 개념에 의한 자체 방호 계획을 수립할 때 이제는 드론 테러 행위에 대비한 방책도 포함해야 한다. 물론 3지대 개념에는 공중 공격에 대비한 방호도 포함되어 있지만, 소형 드론 테러에 대비할 2지대가 단지 소총 유효 사거리만을 중요시한 현재의 시스템은 새로운 위협에 대응하기에 제한이 있다. 개념 설정

당시에는 소형 드론에 의한 테러 위협에 대해서는 아마도 상상하지 못했을 것이다. 이젠 새로운 위협에 따라 새로운 방호 시스템을 구축할 필요가 있다.

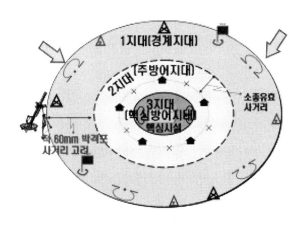

©www.kima.re.kr

제2장

—

드론 및 드론 테러

01
드론의 개념 및 종류

　무인기 역사는 1887년 영국인 더글라스 아치볼드가 '연(Kite)'을 이용해 카메라를 부착하여 지상에 대한 촬영에 성공하면서 시작되었다. 이후 1차 세계 대전 기간인 1918년 미국 GM사에서 'Bug'라는 폭격용 무인 항공기를 개발하였고, 2차 세계 대전이 발생하기 이전에 1차 대전에서 사용하던 비행기를 개조하여 훈련용 무인 표적기를 개발하였다. 이 무인기를 드론이라 부르게 된 계기는 명확하지 않지만, 'Queen Bee'라고 불렸는데 이후 이 'Queen Bee'를 드론의 어머니라고 부르고 있다.(『드론학 개론』, 신정호 외 2명, 2019)[2]

---

2 'Drone' 명칭의 유래는 여러 가지 설이 있으며, 미국 항공 부서에서 영국의 Queen Bee를 생각하였으나 '여왕에 대한 존엄성 훼손'이라는 주장이 제기되어 수벌을 의미하는 'Drone'으로 명명하였다는 학설이 유력하다.('Drone'은 수벌이 '웅웅'거리는 소리를 의미)

처칠과 Queen Bee ©Imperial War Museum

미국 연방항공청(Federal Aviation Administration, FAA) 및 미국 항공우주국(National Aeronautics and Space Administration, NASA)에서는 드론을 무인 항공기(Unmanned Aircraft, UA) 또는 무인 항공 시스템(Unmanned Aircraft System, UAS)이란 용어로 사용하고 있다. 또 대부분 군대와 유럽 국가들은 무인 항공기(Unmanned Aerial Vehicle, UAV)라 부르고 있다.('무인항공기에 대한 법적쟁점연구', 박지현, 2015) 2013년 이후 국제민간항공기구(International Civil Aviation Organization, ICAO)에서는 RPAS(Remote Piloted Aircraft System)를 공식 용어로 채택하여 사용하고 있으며, 우리 국립국어원에서는 드론(Drone)을 우리말 '무인기'로 사용할 것을 권고하고 있다.

우리도 그동안 항공안전법상 '초경량 비행 장치' 개념 가운데 '무인 비행 장치' 중 '무인 멀티콥터' 등의 정의로 드론을 규정해왔으나, 2020년 5월 1일부로 시행되고 있는 '드론 활용의 촉진 및 기반 조성에 관한 법률(약칭: 드론법)' 제2조에, 드론이란 조종자가 탑승하지 아니한 상태로 항행할 수 있는 비행체로서 항공안전법 제2조 제3호에 따른 무인 비행 장치, 항공안전법 제2조 제6호에 따른 '무인 항공기, 그 밖에 원격·자동·자율 등 국토교통부령으로 정하는 방식에 따라 항행하는 비행체'라고 새로이 규정하고 있다.

드론이 군사용으로 개발되던 20세기 초기에는 표적 드론, 정찰 드론, 감시 드론, 다목적 드론 등으로 분류되었으나, 현재는 운용 목적과 형상 등에 따라 다양하게 분류하고 있다. 운용 목적에 따라 정찰용, 공격용, 전투용 등의 군용 드론과 산업용, 소비자용, 레저용 등의 민수용 드론 등으로 분류하며, 비행체 형상과 비행체 크기, 비행 고도 등으로 분류하기도 한다.

비행체 형상에 따라 고정익, 회전익(멀티콥터), 복합형(틸트로터)으로 구분한다. 군사용은 주로 고정익과 복합형이, 민수용은 회전익 드론이 시장을 주도하고 있다. 고정익 드론은 장거리와 고속 비행이 가능하고 회전익 드론에 비해 더 무거운 화물 운송이 가능하다는 장점이 있는 반면, 제자리 비행인 호버링이 불가능해서 정밀 정찰 및 촬영이 불가능하다. 이착륙을 위한 활주로나 발사대가 필요하며, 적절한 회전 반경 때문에 좁은 지역 감시가 어려운 단점이 있다.

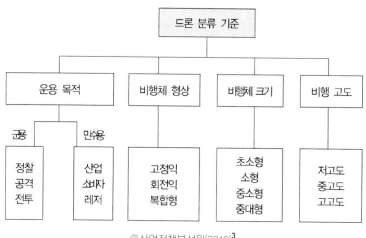

©산업정책분석원(2019)[3]

　회전익 드론은 고정익 드론에 비해 정밀 정찰과 촬영이 가능하며, 기동성이 좋은 장점이 있는 반면, 속도가 느리고 배터리 소모량이 많은 단점이 있다. 복합형 드론은 이착륙이 쉬우면서 고속 비행이 가능하고, 고정익과 회전익의 장점을 보유하나 기술 개발이 어렵고 아직 상용화까지 시간이 필요하다는 취약점이 있다. 비행체 크기에 따라 초소형은 크기가 15㎝ 이내로 1인이 손으로 던져서 운용할 수 있으며, 소형은 1~2명이 휴대하면서 운용할 수 있고, 중소형은 차량 한 대에 운용자가 이동하면서 운용할 수 있다. 중대형은 단·중거리 무인 항공기급 이상의 무인기를 말한다. 비행 고도에 따라 20,000ft 이하 저고도 비행하는 저고도 무인 항공기와 20,000~45,000ft 대류권 비

3　드론 분류는 다양하여 저자가 여러 관련 자료를 참고하여 재정리하였음.

행을 하는 중고도 체공형 무인 항공기, 45,000ft 이상 성층권 비행을
하는 고고도 체공형 무인 항공기로 분류할 수 있다.

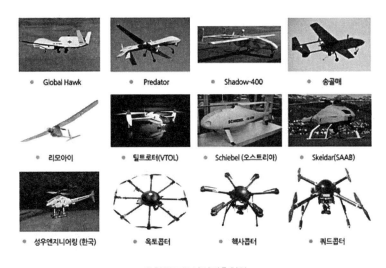

Global Hawk	Predator	Shadow-400	송골매
리모아이	틸트로터(VTOL)	Schiebel (오스트리아)	Skeldar(SAAB)
성우엔지니어링 (한국)	옥토콥터	헥사콥터	쿼드콥터

©한국드론산업진흥협회

　　이처럼 드론은 복잡한 분류만큼이나 그 편의성에 따라 다양한 분
야에서 폭넓게 활용되고 있으나, 일부 불법적으로 이용되고 있는 드
론에 대해서는 경각심을 가지고 대응할 필요가 있다. 불법 드론은
'비행 금지나 제한 구역을 사전 승인 없이 비행하거나 허용 고도와
시간 등을 지키지 않고 비행하는 드론'을 말한다.(네이버 지식백과) 국
내 드론 비행 금지 구역으로는 비행장으로부터 반경 9.3km 이내(관제
권)로 이착륙하는 항공기와 충돌 위험이 있는 곳과 서울 도심(P73 A,

B), 휴전선 인근(P518), 원전 시설 주변(P61, P62, P63, P64, P65 등) 등이 지정되어 있다. 또 항공기 비행 항로가 설치된 공역인 150m 이상의 고도와 기체가 떨어질 경우 인명 피해 위험이 높은 인구 밀집 지역이나 사람이 많이 모인 곳의 상공에서는 비행을 금지시키고 있다. 비행 제한 구역은 항공 사격, 대공 사격 등으로 인한 위험에서 항공기를 보호하거나 그 밖의 이유로 비행 허가를 받지 않은 항공기의 비행을 제한하는 구역이다. 현재 33개 초경량 비행 장치 비행 공역에서만 비행 승인 없이 비행이 가능하며, 기본적으로 그 외 지역은 비행 불가 지역이다. 최대 이륙 중량 25kg의 드론은 관제권 및 비행 금지 공역을 제외한 지역에서는 150m 미만의 고도에서 비행 승인 없이 비행이 가능하다. 고층 건물(약 40층, 150m) 옥상 기준으로 150m까지 승인 없이 비행할 수 있는 반면, 건물 근처(수평 거리 150m 이외의 지역)에서 비행하는 경우 지면 기준으로 150m까지 승인 없이 비행이 가능하다.(『드론 무인 비행 장치』, 서일수·장경석 편저, 2020)

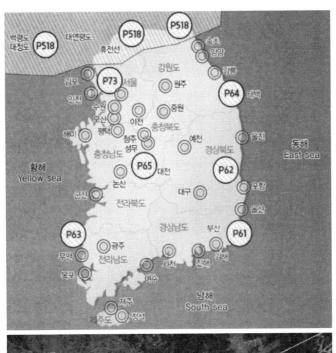

드론 비행 금지 구역 및 제한 구역 ©상게서, 서일수·장경석 편저, 2020

02
드론 기술 및
개발 동향

    세계적인 드론 시장 조사 업체인 DRONII(DRONE Industry Insights)에 의하면 드론의 글로벌 시장 규모는 2020년 225억 달러 대비 연평균 성장률 13.8%로, 2025년에는 2배 규모인 428억 달러로 성장할 것으로 예상했다. 특히 UAV 배송 분야가 매우 빠르게 증가할 것이며, 아시아 지역이 세계에서 가장 큰 드론 시장이 될 것이라 내다보고 있다. 미국과 중국이 드론 시장의 2/3 이상을 차지하고 있으며 아시아에서는 일본과 인도(2018년 드론 합법화)의 성장을 예견하고 있다. 코로나-19로 인한 전반적인 세계 경제의 부진에도 불구하고 오히려 드론 분야는 상업적으로 큰 이익을 남기고 있는 것으로 분석하였다.(DRONII.com, 2020)

    비행체 형상(구동 형태)으로 분류하는 일반적인 드론 형태인 멀티콥터(회전익)는 2개 이상의 모터축과 프로펠러로 구성되어 있는데, 가장 기본은 쿼드콥터(프로펠러 4개)이다. 각 축의 모터 프로펠러의 기계적인 힘인 RPM(Revolution Per Minute: 분당 회전수)을 조절함으로써 전후

좌우 및 상승과 하강 운동을 하게 된다. 모터는 최근 반영구적으로 사용 가능한 브러시리스 모터가 주로 사용된다. 프로펠러는 드론의 양력 발생과 제자리에서의 호버링 등에 관여하여 비행 안정성을 결정한다. 비행 제어 보드(FC: Flight Controller Board)는 무선 조정기에서 보내는 조종 명령과 자이로 센서 등의 입력에 따라 변속기(ESC)에 모터 제어 신호를 보내는 역할을 한다. 변속기(ESC: Electronic Speed Controller)는 비행 제어 보드(FC)로부터 신호를 받아 배터리 전원을 사용하여 모터가 신호 대비 적절하게 회전을 유지하도록 해주는 장치이다. 착륙 장치(Skid / Landing Gear)는 드론이 넘어지지 않고 지면에 안정적으로 착지할 수 있게 해주는 장치이다.(『드론 무인 비행 장치』, 서일수·장경석 편저, 2020)

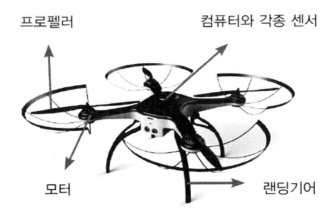

드론 구조 ©Samstory.coolschool.co.kr

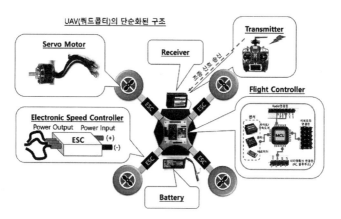

드론 구조 ©Samstory.coolschool.co.kr

1) 국내 사례

국내 드론 산업도 해외와 마찬가지로 군 수요에 의해 처음으로 시작하였다. 국방과학연구소에서 최초 개발하다가 종료되었으나, 육군의 소요 제기로 송골매(군단급 무인 정찰기)가 최초의 드론(무인기)으로 탄생하게 되었다. 본격적인 드론 개발은 2000년대 초반에 정부 주도 사업으로 항공우주연구원 주관으로 시작하였다.(『드론과 안티드론』, 오세진·서일수·김태훈·정진만, 2020) 현재까지도 드론 연구 개발은 국방과학연구소와 항공우주연구원 등 정부 출연 연구소가 주도하는 가운데 한국항공우주산업, 대한항공이 주로 체계 종합 및 비행체 개발을 담당하고, LIG넥스원, 한화테크원 등의 대기업을 포함한 중소 업체들이 부체계 기술을 개발하고 있다. 대한항공이 신성장 동력 개척을 위해 드론 개발에 매우 적극적이며 무인 틸트로터이자 국내 독자 기술로 개발한 TR-100의 원천 기술을 항공우주연구원으로부터 이전받았다. 군사용으로는 군단급 무인 정찰기 송골매를 한국항공산업에서 개발하여 군에서 운용 중이며, 소형 무인기에 이르는 전 기종 라인업을 구축하여 국내 기술로 개발하고 있으나, 아직 해외 수출 실적은 없다. 최근에는 민간 드론 분야의 성장 가능성에 힘입어 대학 및 벤처기업들을 중심으로 소형 회전익 드론 개발에 경쟁적으로 참여하는 모습이다. CJ, 대한통운 등 대기업들도 민수용 드론 부분에 관심이 높아져 방재, 소방이나 물품 수송을 위한 드론 개발에 참여하기 시작하였고, 관련 벤처기업들도 계속 등장하고 있다. 국내 드론 제조업체는 2020년 기준 212개인데, 이 가운데 97%(207개)가 중소기업이다.[4] 대부분 레저용 제품 위주로 생산하고 있으며 시장 규모는 약 4,400억 원(2020년 기준)으로 아직은 세계 시장 규모에 비하면 턱없이 부족한 상태이다. 현재 국내 기술 수준은 대부분 부품별 세계 최고 기업의 35~70% 수준인 것으로 평가받고 있다.('드론규제만 35개…', 조선일보, 2020) 반면, 틸트로터 드론(TR6X)의 국산화율은 95%, 사단급 무인기의 국산화율 96%, 대대급 무인기 국산화율은 98%로 보고되고 있다.('국내·외 드론 산업 현황 및 활성화 방안', 윤광준, 2016) 세계적인 드론 활용의 증가 추세에 따라 규제 완화 등을 통해 군 및 민수용 무인기의 향후 수요도 증가할 것으로 예상되며, 중고도 무인기, 전술급 무인기

....

4 2021년 3월 15일부로 국토교통부에서는 드론 정보 포털(www. droneportal. or.kr/)을 운영하여 국내 드론 기업, 드론 제품 등 쉽게 검색할 수 있도록 하였다.

의 개발과 고속−수직 이착륙형 틸트로터형 무인기의 핵심 기술을 보유한 국내 무인기 산업은 군용을 중심으로 민수 공공용에서도 세계 시장 진출을 위해 적극적인 투자를 해나갈 것으로 기대되고 있다.

2) 해외 사례

세계 각국에서 드론 기술 주도권 다툼이 날로 치열해지고 있다. 현재까지도 미국과 이스라엘이 군용 드론 시장을 포함한 최고 수준의 드론 기술을 확보하고 있으며, 중국과 유럽 등이 관련 기술의 개발 경쟁에 뛰어든 상태이다. 특히 중국은 전략급 제대의 무인기 기술에서 미국을 능가하기 위해 빠르게 추격하고 있으며, 전 세계적으로 고정익뿐만 아니라 멀티콥터를 활용한 수송용 드론 등의 출시에도 경쟁이 치열하다.(『드론학개론 현장가이드북』, 민진규·박재희, 2019)

■ 미국

현재 미국은 비행체 형상 설계, 추진 동력 기술, 스텔스 무인 전투기 기술 등 군용과 민수용에서 세계 최고의 드론 기술력을 보유하고 있다. 최근에는 군집 드론(Drone Swarm) 전투 부대의 개발에 주력하고 있으며, 드론 시장의 90%는 군용으로 대형 군수업체인 노스롭 그루먼, 보잉, 록히드마틴 등이 주도하고 있다.(『안티드론 산업의 시장분석과 주요국의 기술 솔류션 동향산업』, 정책분석원, 2019) 아마존, 구글, 페이스북, 피자헛, UPI, 보잉 등 IT 융합 기술을 갖춘 하드웨어, 소프트웨어 전문 개발업체와 서비스 기업이 민수용 드론 산업의 발전을 선도하고 있다. 고고도 장기 체공형 드론으로부터 16.5g의 블랙호넷 등 초소형 무인기까지 전 분야에서 개발하고 있다. 지상 20㎞ 대기권을 비행하며 광역 정밀 정찰이 가능한 고고도 무인 항공기 글로벌 호크와 중고도 무인 항공기 프리데터를 개발하여 정찰용은 물론 미사일을 장착해서 공격용 드론으로도 운용하고 있다.

▣ 이스라엘

미국과 군용 드론 개발을 공동으로 추진한 경험을 바탕으로 미국에 버금가는 수준의 드론 관련 기술을 확보했다. 공격용 드론뿐만 아니라 방어용 드론, 미끼용 드론 등도 개발 중이다. 이스라엘의 드론은 주변 아랍 국가들과 전쟁을 통해 기술력을 이미 검증받았었기 때문에 많은 다른 국가들이 이스라엘 제품을 선호하는 편이다. 최첨단 항공 전자 기술력과 실전 경험을 바탕으로 한 전술급 군용 드론 분야에서 세계 최고의 기술력을 보유하고 있으며, IAI사와 Elbit사를 중심으로 전 세계 42개국 이상에 드론 기술 및 제품 수출을 통해 미국과 대등한 영향력을 행사하고 있다. 드론이 처음으로 진행한 군사적 임무 수행은 1982년 이스라엘과 레바논의 전쟁에서였다. 레바논을 지원하는 시리아군의 레이더와 미사일 기지의 위치에 대한 정보를 알기 위해 이스라엘은 '스카우트'라는 드론을 적의 상공에 날려서 미사일을 발사하도록 유도하였고, 이를 통해 레이더와 미사일 기지의 위치를 파악해서 역으로 파괴하는 성과를 거둔 바가 있다.

■ 프랑스

EADS, Sagen, Altec, Alcore 등 드론 분야 체계 업체와 함께 Aerspatial, Thales 등과 같은 항공 전자 분야를 선도하는 기업들을 보유하고 있다. 장비 개발 능력이 타국을 능가하고, 초소형으로부터 중고도 장기체공형급인 Eagle-1 개발과 Dassault 업체에서 EU 국가(프랑스, 그리스, 이탈리아, 스페인, 스웨덴, 스위스 등)들이 공동 개발 중인 무인 전투기 nEUROn을 개발하는 등 다양한 무인기 개발을 주도하고 있다.(『드론과 안티드론』, 오세진·서일수·김태훈·정진만, 2020)

■ 독일

1990년대부터 드론을 운용해 왔고 드론 개발에 독자적 능력을 보유하고 있으며, 무인 항공기의 실전 운용 경험을 통해 지속적인 기술 발전을 이루고 있다. EADS, EMT, Rheinmetall사 등의 업체가 주도하면서 전술급 KZO, CL-289, Luna, Aladin, Orka 1200 등 다양한 군용 무인기도 개발하여 운용하고 있다.

■ 영국

독자적인 드론 기체 및 엔진, 탑재 장비 개발 기술을 보유하고 있으며 최근에는 태양광 이용 장기체공 드론인 Zepher 개발을 통해 이 분야 기술에서 세계적 우위를 확보하고 있다. 전술급 무인기인

Phoenix를 개발하여 이미 운용 중이고, 이스라엘 Elbit사가 포함된 Thales 팀이 Watchkeeper 프로그램을 통해 Hermes 무인기를 개발했으며, BAE사가 중고도 무인기 Herti를 개발했다.

■ 중국

미국이 2019년 드론 보안법을 통해 정부 기관에서 중국 드론 사용을 금지하기 시작했음에도 불구하고 DJI(Da Jiang Innovation)의 민수용 드론 시장 세계 점유율은 0.7%만 하락한 76.1%를 유지하고 있다.(2021.3, DRONII.com) 드론 관련 기술력이 높은 편은 아니지만 저렴한 생산 비용을 통한 가격 경쟁력으로 시장 점유율을 높이고 있다. 지난 10여 년 동안 군사용 전술급 무인기들을 다수 개발하여 운용해 오고 있으며, 중국은 미국의 군사용 드론 기술을 모방해 독자적인 드론 기술을 보유하고 있다.('국내·외 드론 산업 현황 및 활성화 방안', 윤광준, 2016)

Rank	Manufacturer[1]	HQ Location	Founding Date	US Market Share[2]
1	dji	Shenzhen, China	2006	76.1% (-0.7%)
2	intel	Santa Clara, USA	1968	4.1% (+0.4%)
3	YUNEEC	Hong Kong, China	1999	2.5% (-0.5%)
4	Parrot	Paris, France	1994	2.5% (+0.3%)
5	3DR	Berkeley, USA	2009	0.6% (-0.8%)
6	AUTEL robotics	Bothell, USA	2014	0.6% (-0.2%)
7	Skydio	Redwood City, USA	2014	0.3% (+0.1%)
8	senseFly	Lausanne, Switzerland	2009	0.2% (-0.1%)
9	kespry	Menlo Park, USA	2013	0.1% (-0.2%)
10	AV AeroVironment	Simi Valley, USA	1971	0.1% (-)

©DRONII.com

03
일반 테러의 개념

드론 테러에 대한 개념을 파악하기에 앞서 우선 일반 테러의 개념을 살펴볼 필요가 있다. 현재 일반 테러의 개념은 우리나라 대테러 활동의 근거법인 '국민 보호와 공공 안전을 위한 테러방지법(약칭: 테러방지법)' 제2조에 테러란 "국가·지방자치단체 또는 외국 정부의 권한 행사를 방해하거나 의무 없는 일을 하게 할 목적 또는 공중을 협박할 목적으로 사람, 항공기, 선박, 시설 등의 공격, 방해, 파괴, 조작, 폭파, 운반 등의 불법적인 행위"를 말하며, 구체적인 테러의 정의와 범위를 아래와 같이 정의하고 있다.

구분	내용
사람	· 사람을 살해하거나 사람의 신체를 상해하여 생명에 대한 위험을 발생하게 하는 행위 · 사람을 체포·감금·약취·유인하거나 인질로 삼는 행위
항공기 및 항공 시설	· 운항 중인 항공기를 추락시키거나 전복·파괴하는 행위, 운항 중인 항공기의 안전을 해칠 만한 손괴를 가하는 행위 · 폭행이나 협박, 그 밖의 방법으로 운항 중인 항공기를 강탈하거나 항공기의 운항을 강제하는 행위 · 항공기의 운항과 관련된 항공 시설을 손괴하거나 조작을 방해하여 항공기의 안전 운항에 위해를 가하는 행위
선박 또는 해상 구조물	· 운항 중인 선박 또는 해상 구조물을 파괴하거나 그 안전을 위태롭게 할 만한 정도의 손상을 가하는 행위(실려 있는 화물에 손상을 가하는 행위를 포함) · 폭행이나 협박, 그 밖의 방법으로 운항 중인 선박 또는 해상 구조물을 강탈하거나 선박의 운항을 강제하는 행위 · 운항 중인 선박의 안전을 위태롭게 하기 위하여 그 선박 운항과 관련된 기기, 시설을 파괴하거나 중대한 손상을 가하거나 기능 장애 상태를 야기하는 행위
생화학, 폭발성, 소이성 무기, 장치의 활용	· 기차·전차·자동차 등 사람, 또는 물건의 운송에 이용되는 차량으로써 공중이 이용하는 차량과 차량의 운행을 위하여 이용되는 시설, 또는 도로, 공원, 역, 그 밖에 공중이 이용하는 시설 · 전기나 가스를 공급하기 위한 시설, 공중의 음용수를 공급하는 수도, 전기 통신을 이용하기 위한 시설 및 그 밖의 시설로서 공용으로 제공되거나 공중이 이용하는 시설 · 석유, 가연성 가스, 석탄, 그 밖의 연료 등의 원료가 되는 물질을 제조 또는 정제하거나 연료로 만들기 위하여 처리·수송, 또는 저장하는 시설 · 공중이 출입할 수 있는 건조물, 항공기, 선박

핵물질 방사능 물질, 원자력 시설	· 핵물질, 방사성 물질 또는 원자력 시설 · 원자로를 파괴하여 사람의 생명, 신체, 또는 재산을 해하거나 그밖에 공공의 안전을 위태롭게 하는 행위 · 방사성 물질 등과 원자로 및 관계 시설, 핵연료 주기 시설 또는 방사선 발생 장치를 부당하게 조작하여 사람의 생명이나 신체에 위험을 가하는 행위 · 핵물질을 수수·소지·소유·보관·사용·운반·개조·처분 또는 분산하는 행위 · 핵물질이나 원자력 시설을 파괴, 손상, 또는 그 원인을 제공하거나 원자력 시설의 정상적인 운전을 방해하여 방사성 물질을 배출하거나 방사선을 노출하는 행위

04
드론 테러의
개념과 위협

　'국민 보호와 공공 안전을 위한 테러방지법(약칭: 테러방지법)'에서 정의한 테러의 개념에 비추어 드론 테러를 정의해보면, '국가·지방자치단체 또는 외국 정부의 권한 행사를 방해하거나 의무 없는 일을 하게 할 목적, 또는 공중을 협박할 목적으로 조종자가 탑승하지 아니한 상태로 항행할 수 있는 비행체를 활용하여 사람, 항공기, 선박, 시설 등의 공격, 방해, 파괴, 조작, 폭파, 운반하는 등의 불법적인 행위'라고 할 수 있다. 드론 테러를 목적으로 사용되는 드론은 대부분 사전에 승인 없이 비행하거나 규정을 준수하지 않는 불법 드론으로 볼 수 있다.

　이런 드론 테러가 위협적인 이유가 무엇일까?
　첫째, 드론이 자기 영역에 들어왔는지 인지하기가 대단히 어렵다. 인간이 통상적으로 생활하는 공간보다 그 위인 높은 공중 공간에서 작은 기체가 순식간에 접근하기 때문에 발견하기가 우선 어렵다. 둘째, 드론에 탑재된 다양하고 정밀한 센서와 장치로 목표로 지정한 위치에 정확하게 접근하여 선명한 근접 촬영이 가능하다. 카메라의 정밀도에 따라서 아무리 높고 먼 위치에서도 원하는 화질의 사진을 획득할 수 있다. 셋째, 빠르게 침입하고 신속하게 도망칠 수 있다. 드론에 대한 별도의 대비를 하지 않고 있다면 공중으로 시속 90㎞의 속도로 접근하여 순식간에 사진을 촬영하거나 물품을 투하하고 도망치는 드론을 탐지하고 제압하기가 어렵다. 넷째, 드론 운용의 목적에 따라서 무게는 제한적일 수 있지만, 카메라, 액체 물질, 폭발물, 해킹 장비 등 다양한 장비와 물질을 탑재하여 운용자가 의도하는 목적을 달성할 수 있다. 다섯째, 공중 감시 수단이 제한적이다. 우리 인간은 일반적으로 일상생활을 영위하면서 군사적인 목적을 제외하고는 공중으로 낮게 접근하는 것에 대한 대비를 제대로 하지 않고 생활해 왔다.(『드론학 개론』, 신정호·오인선·강창구, 2019) 2020년 10월에도 드론을 띄워 고층 아파트 주민들의 사생활을 불법 촬영하다가 경찰에 구속된 사건도 있었다.('드론 띄워 고층아파트…', SBS뉴스, 2020) 공중에 대한 감시 수단이나 통제할 장비에 대한 개발도 미미한 실정이다. 현재와 같은 상태라면 공중으로 침입하는 것에 대해서는 거의 무방비 상태라 해도 과언이 아니다. 기타 온라인에서 쉽게 구매할 수 있어 편의성을 갖추고 있고, 조작이 간단하고 가격이 저렴하여 여러 대의 드론 활용이 쉬워 목표 달성이 가능하며, 원거리에서도 테러 목표물로 접근이 쉽다는 점 등이 있다.

Zhanfu H16-V12 ©LITEYE.COM

    이처럼 위협적인 드론 테러의 장점을 활용하여 발생할 수 있는 테러 유형으로 첫째, 드론 자체를 이용한 폭탄 테러이다. 드론에 폭발물을 장착하여 국가중요시설이나 다중 이용 시설에 충격을 가하여 폭발을 일으킬 수 있는 테러 유형이다. 최근 중국 CCTV 방송에 따르면 중국 남부에서 실시한 군사 훈련에서 두 개의 유탄 발사기를 탑재한 새로운 군용 드론을 선보였다고 한다. 드론 개발 전문 회사 Harwar에서 제작한 'Zhanfu H16-V12'라고 하는데, 유도탄을 발사할 수 있고 전술 정찰과 공중 요격을 포함한 다양한 임무를 수행할 수 있는 것으로 보도되었다.(LITEYE.COM, 2020)

    만일 이러한 군용 드론이 민수용에도 사용된다면 그 위협은 대단할 것이다. 둘째, 중요 시설에 대한 감시이다. 이동이 자유롭고 소형인 장점을 활용하여 중요한 정보 및 내부 시설에 대한 위치 확인, 목표점의 지형 정찰에 활용하기 쉽다. 셋째, 요인 테러이다. 요인에 대한 테러 행위를 위해 원거리에서 무기를 장착한 드론을 활용하여 저격할 수 있고, 직접 근처에서 폭발하여 암살도 할 수 있으며, 테러리스트는 현장과 멀리 떨어진 거리에서도 조종이 가능하므로 도주가 쉽다. 넷째, 테러 도구 운반이다. 출입 시스템에 보안 시스템이 설치되어 있거나 경계 시스템이 갖추어져 있는 곳에 테러를 감행할 경우, 인원은 정상적으로 출입하고 외부에서 드론을 이용하여 무기 또는 테러에 필요한 물품을 운반하여 목적을 달성하는 데 이용할 수 있다. 다섯째, 드론을 이용한 독가스 등의 살포이다. 생화학 물질을 드론에 싣고 다중 이용 시설로 이동하여 살포하면 대량의 인명 피해가 발생할 것이다. 여섯째, 네트워크 해킹을 통한 드론 테러이다. 드론은 비행 기능을 활용하여 다양한 능력을 발휘할 수 있다. 드론은 지상뿐만 아니라 수중 무인기 등 다방면에서 더욱 발전할 전망이다. 우리도 시대의 변화에 빠르게 대처해 각종 드론 테러의 위험으로부터 대비해야 한다.('한국군의 뉴테러리즘 위협에 관한 대응방안 강구', 김충호, 2016)

05
드론 테러에 대한
법률적 검토

    현재 국내법상 드론 활용을 일반적으로 규율하는 법률은 항공안전법, 항공사업법, 공항시설법, 항공·철도 사고 조사에 관한 법률, 전파법 등이 있으며, 드론을 활용한 정보 수집과 촬영 등에 대해서는 개인정보보호법, 형사소송법 등의 법적 규제를 받을 수 있다. 항공안전법에서는 무인 비행 장치에 대한 정의, 초경량 비행 장치 사고 관련, 신고제 및 신고 번호 표시 의무, 조종자 준수 사항, 조종사 증명, 초경량 비행 장치 비행 승인 등이 명시되어 있다. 항공안전법 제2조 제1호에 의하면 '항공기'란 공기의 반작용(지표면 또는 수면에 대한 공기의 반작용은 제외)으로 뜰 수 있는 기기로서 최대 이륙 중량, 좌석 수 등 국토교통부령으로 정하는 기준에 해당하는 비행기, 헬리콥터, 비행선, 활공기를 의미한다고 되어 있다. 항공안전법 제2조 제3호에서는 '초경량 비행 장치'란 항공기와 경량 항공기 외에 공기의 반작용으로 뜰 수 있는 장치로서 자체중량, 좌석 수 등 국토교통부령으로 정하는 기준에 해당하는 동력 비행 장치, 행글라이더, 패러

글라이더, 기구류 및 무인 비행 장치 등으로 규정하고 있다. 항공안전법 시행 규칙 제5조 제3호에 의하면 '무인 비행 장치'는 사람이 탑승하지 아니하는 것으로, 연료의 중량을 제외한 자체 중량이 150kg 이하인 무인 비행기, 무인 헬리콥터, 또는 무인 멀티콥터인 무인 동력 비행 장치와 연료의 중량을 제외한 자체 중량이 180kg 이하이고 길이가 20m 이하인 무인 비행선으로 구분하고 있다. 항공사업법에서는 초경량 비행 장치 사용 사업의 정의 및 범위, 항공기 대여업 등록 등이 명시되어 있다.

안티드론과 관련된 전파법 일부 개정 법안이 2020년 5월 국회를 통과하였다. 이 법안은 사우디아라비아 석유 시설 등에 대한 드론 공격이 발생하자 국내에서도 드론을 활용한 테러가 국가중요시설의 방어와 국민의 안전을 위협하는 새로운 요인으로 급부상하여 긴급하게 발의하였다. 이 법안은 테러 등이 우려되는 공격용 드론에 재밍(Jamming) 등 전파 교란 이용이 불가능한 현행법에 대해 공공 안전을 위해 불가피한 경우 예외적으로 전파 차단 장치를 운용할 수 있는 근거를 명시하고, 전파 차단 장치 도입·폐기 시 신고, 제조·수입·판매 시 인가 등 관리 체계를 마련하였다. 또 전파 차단 장치 사용으로 인해 타인을 사상(死傷)에 이르게 한 경우 그 전파 차단 장치 사용이 불가피하고 전파 차단 장치를 운용한 자의 고의 또는 중과실이 없을 때는 그 정상을 참작하여 사상(死傷)에 대한 형사 책임을 경감, 또는 면제할 수 있게 하였다.(전파법 일부 개정법, 2020) 그리고 2020

년 11월 공항시설법 일부 개정안도 국회를 통과하였는데, 불법 드론을 격추할 수 있는 안티드론건 허용에 관한 내용이다. 이 법안은 비행 승인을 받지 않은 드론이 공항 또는 비행장에 접근하거나 침입한 경우, 해당 드론을 퇴치, 추락, 포획하는 등 항공 안전에 필요한 조치를 할 수 있도록 하는 내용이 포함되어 있다. 또 정부는 항공안전법 시행령 및 시행 규칙(국토부 소관)을 통해 드론의 분류 기준을 위험도에 따라 고·중·저 위험, 완구용으로 재정비하고 각 등급에 따라 기체 신고, 조종 자격, 비행 승인 등 안전 규제를 차등 적용하도록 하여 현재 시행하고 있다. 그리고 통합 방위 지침 '제15조 국가중요시설의 경비·보안 및 방호'에 '공중 위협'을 추가하여 탐지·타격 장비 설치 근거를 마련하였다. 보안 업무 규정 및 국가 보안 시설 관리 지침(국정원 소관)에도 '보안 업무 규정 제33조 보안 측정'에 드론 대응 장비 도입 근거를 마련하고, 대테러 센터 주관으로 테러 위기 관리 표준 매뉴얼 및 실무 매뉴얼(대테러 센터 소관)에도 드론을 포함하는 등 공중 테러 대응 역량을 강화하고 있다. 이처럼 정부 차원에서도 드론이 테러에 이용될 수 있다는 현실에 직면하여 관련 법규를 제·개정하기 위한 노력을 계속하고 있다.

06
최근 드론
테러 사례

2019년 아랍에미리트 수도 아부다비에서 열린 국제방산전시회(IDEX)에서 AK-47 자동소총으로 유명한 러시아 무기 제조사 칼라슈니코프사가 공격용 '자살 드론'을 공개해 테러 집단에 악용될 우려를 낳기도 했다. 당시 공개된 자살 드론은 폭 1.2m에 시속 130㎞의 속도로 비행하며, 최대 3㎏ 폭발물을 탑재할 수 있다. 'KUB-UAV'라는 공식 명칭이 붙은 이 드론에 대해 워싱턴포스트는 '작고 느린, 저렴한 순항 미사일'이나 다름없다고 설명했다.('드론 테러의 사례 분석 및 효율적 대응방안', 정병수, 2019) 최근 발생했던 드론 테러를 유형별로 살펴보면 다음과 같다.

1) 요인 및 관저 테러

▧ 이란 혁명수비대 사령관 테러

2020년 1월 2일 미국 공격용 드론 MQ-9 리퍼는 이라크 미군 기지를 이륙해 별칭인 '하늘의 사신(死神)'처럼 은밀하게 바그다드 상공을 날아 가셈 솔레이마니 쿠드스군(이란 혁명수비대 정예군) 사령관을 사살했다. 솔레이마니 동선 정보가 인공위성을 통해 미국 본토에 있는 드론작전통제부에 실시간으로 전달되어 이를 토대로 드론 조종사들이 원격 조종하며 미사일을 발사한 것으로 추정된다.

드론 MQ-9 리퍼 ⓒyna.co.kr

이번 작전은 적진에 은밀히 침투해 핵심 요인을 흔적도 없이 제거하는 군사용 드론이 미래 전장 환경을 어떻게 변화시킬지 여실히 보여준 사례라고 할 수 있다. 이번 솔레이마니 암살 작전에 사용된 MQ-9 리퍼는 위성 통신을 통해 원격 조종되는 무인 공격기다. 인공위성을 통해 신호를 전파할 수 있어서 지구 반대편에서도 제어가 가능하다. 특히 목표물을 정확히 인지하여 타격을 가함으로써 시가지 등에서 발생할 수 있는 민간인 피해를 줄일 수 있다. 리퍼 기수 앞부분에 있는 인공위성용 광학 카메라로 목표물을 식별할 수 있고, 야간 투시가 가능해 날씨와 시간 등에 무관하게 작전 수행이 가능하다. 최첨단 관측·표적 확보 장치는 원하는 표적을 핀셋식으로 정밀하게 타격한다. 리퍼의 위력은 무장 능력에서 나오는데, 1.7t 규모 무기를 기체에 탑재할 수 있다. 헬파이어 공대지 미사일 14발을 실을 수 있고 공대공 미사일로 전투기처럼 공중전을 벌일 수도 있다. 리퍼가 장착하는 '헬파이어 R9X'는 요인 암살에 특화된 미사일이다. 목표물에 도달하면 칼날 6개가 배출되어 표적을 산산조각 낸다. 솔레이마니 사령관은 공습 직후 흔적 없이 사라져 그가 평소 끼고 다니던 반지를 보고 신원을 확인했을 정도였다고 한다.('美, MQ-9 리퍼 동원 이란 군부 실제 제거…', 연합뉴스, 2020) MQ-9 리퍼는 비록 군 사용 드론이지만, 일반용 드론에 이러한 기술들이 접목된다면 그 위력은 대단할 것이라는 점에 주목해야 한다.

■ 베네수엘라 대통령 테러

2018년 8월 4일 베네수엘라 수도 카라카스에서 열린 국가 방위군 81주년 기념행사에서 마두로 대통령이 연설하는 도중 대통령 암살을 목적으로 한 자폭 드론 여러 대가 폭발하는 사건이 발생하였다.

테러에 사용된 드론은 중국 DJI사의 상업용 드론인 M600으로 1 kg의 C-4 플라스틱 폭탄을 싣고 연단 근처 및 인근 빌딩 공중에서 폭발하였다. 대통령 암살에는 실패하였으나 이로 인해 군인 7명이 부상을 입었다. 테러에 여러 대의 군집 드론이 동시에 이용되었다는 사실에 주목해야 할 것이다.

■ 백악관 드론 충돌 사례

2015년 1월 27일 직경 약 61cm 크기의 소형 상업용 드론이 백악관 건물 남동쪽 부분에 충돌하여 대통령이 거주하는 백악관이 무인기 공격에 무방비로 노출된 일이 발생하였다.('사우디에서 드러난 드론테러의 위협', 박보라, 2019) 드론은 백악관 남동쪽 건물에 부딪힌 뒤 정원에 심어놓은 나무숲으로 떨어졌으며 비밀 경호국 직원이 드론이 날아오는 소리를 들었고, 목격하기도 했다. 백악관에 비상경계령이 떨어지고 건물은 봉쇄되었으며, 경호 요원들은 백악관 정원을 샅샅이 뒤지고 폭발물을 수색하는 소동이 벌어졌다. 사건 6시간 뒤 드론 주인을 찾았는데, 정부 직원으로 알려진 이 남자는 백악관 주변에서 드론을 취미로 띄웠는데 조종 실수로 백악관 담장을 넘겼다고 진술하면서 테러 가능성이 없는 것으로 잠정 결론이 난 사례가 있었다.

■ 일본 총리 관저 드론 테러

2015년 4월 25일 일본 도쿄의 총리 관저 옥상에 미량의 방사성 물질을 함유한 소형 드론을 날린 40대 남성 용의자가 경찰에 자수하는 사건이 발생하였다. 용의자는 4월 9일 새벽 3시 반쯤 관저에서 서쪽으로 200m 떨어진 한 주차장에서 드론을 날려 보냈으며, 드론에 부착된 플라스틱 통에는 원전 재가동을 반대한다는 성명문 등이 담겨 있었다. 용의자는 "원전 반대를 호소하기 위해 드론을 날려 보냈다."는 진술을 하였다고 한다. 드론은 범행 3일 후인 12일 지사 선거가 치러진 뒤 열흘이 넘게 총리 관저 옥상에 방치되어 있다가 22일이야 직원에 의해 발견되었으며, 드론은 중국 DJI사의 팬텀 모델로 쉽게 구할 수 있는 소형 상업용 드론으로 알려졌다. 일본 총리 관저의 보안 체계를 뚫은 이 사건이 탈원전을 주장하는 평범한 시민이 저지른 범행인 점, 사용된 드론이 쉽게 구할 수 있는 상업용 드론인 점과 범행 후 19일 지나도록 발견되지 않았다는 점 등이 높은 수준의 방호 시스템도 드론 대비책이 없다면 쉽게 노출된다는 것을 증명하는 사례라고 볼 수 있다.

2) 공항 테러

■ 영국 개트윅 공항

2018년 12월 19일 영국에서 두 번째로 큰 공항인 개트윅 공항에서 드론의 불법 비행으로 인해 공항 운항이 중단되는 사건이 발생하였다. 19일 저녁 9시경 활주로에서 불법 비행 중인 드론 2대가 나났다는 제보를 접수하고 비행기 이착륙을 중단하였다. 6시간 후인 20일 새벽 3시경 정상 운항은 하였지만, 드론의 불법 비행이 다시 발견되어 활주로를 패쇄하였다. 20일 정오쯤 마지막으로 드론의 불법 비행이 발견되고 모습을 감췄으나, 개트윅 공항 측은 안전을 이유로 비행기 이착륙을 허용하지 않고 고의적 불법 행위로 판단해 드론 조종자를 잡기 위해 경찰 인력을 투입하였다. 개트윅 공항은 안전 문제를 이유로 19일부터 21일까지 약 36시간 동안 비행 이착륙을 허가하지 않았다. 이로 인해 항공기 700여 편과 14만여 명의 승객이 공항에서 장시간 체류하였다.

■ 독일 프랑크푸르트 공항

2019년 3월 22일 독일 최대 허브 공항인 프랑크푸르트 공항 인근에 드론이 출현해 30분간 항공기 운항이 중단되는 사건이 발생하였다. 공항 측은 이날 인근 상공에 드론 두 대가 나타나자 오후 5시 15분부터 5시 45분까지 안전상 이유로 항공기 이착륙을 중단하였으며, 드론이 완전히 사라졌다는 경찰 측의 통보를 받고 항공기 이착

룩을 재개했다.

■ 국내 인천 국제공항

2020년 9월 26일 인천 국제공항에 도착할 예정이었던 항공기 5대가 불법 드론으로 인해 김포 국제공항으로 회항한 사건이 발생하였다. 여객기 1대와 화물기 4대가 긴급하게 회항을 하였는데, 그 이유는 부동산 업자가 아파트 홍보 영상을 찍는다고 공항 인근 5km 상공에 드론을 날려서 활주로 운영이 한 시간 정도 중단되었기 때문이다. 이틀 후 28일에도 여객기 1대와 화물기 1대가 김포 공항으로 회항한 사례가 있었다. 불법 드론으로 인한 사고 위험이 커짐에 따라 정부에서는 징역형 형사 처벌을 신설하는 방안을 검토한다고 밝혔다.('인천공항 인근에 뜬 불법드론…', 연합뉴스, 2020)

3) 중요 시설 테러

■ 사우디아라비아 정유 시설 테러

2019년 9월 14일 사우디아라비아 국영 석유 회사 아람코의 최대 석유 탈황·정제 시설인 아프카이크 단지와 인근 쿠라이스 유전이 드론 공격으로 가동이 중단되는 사건이 발생하였다. 10대의 드론에 대당 3kg 폭탄이 실렸다고 가정하면 30kg 폭탄이 투하되는 것과 같은 효과이다. 해당 시설은 하루 처리량이 700만 배럴로 사우디 전체 산유량 70%에 달하는데, 하루 산유량 절반인 570만 배럴 규모의 원유 생산에 영향을 주었으며, 이는 전 세계 산유량의 5%에 해당한다.

불에 탄 정유 시설과 당시 사용되었던 드론 잔해 ©segye.com

■ 프랑스 원자력 발전소 드론 충돌 퍼포먼스

2018년 7월 3일 국제 환경 단체 그린피스의 활동가들은 원자력 발전소의 위험성을 알리기 위해 프랑스 뷔제 원자력 발전소의 폐연료 저장고에 '슈퍼맨' 모형의 드론을 충돌시키는 퍼포먼스를 벌였다. 이 드론은 비행 금지 구역인 원자력 발전소에 날아가는 과정에서 아무런 제지를 받지 않았으며, 곧바로 원자력 발전소 폐연료 저장고 벽을 들이받았다. 그린피스는 많은 양의 방사능을 가지고 있는 폐연료 저장 시설이 테러와 같은 공격에 노출되어 있다고 주장해왔다.

▦ 국내 고리 원자력 발전소 일대 드론 출현

국내 원자력 발전소에서도 프랑스 사태와 유사한 일이 발생하였다. 2019년 8월 12일과 13일, 부산 기장군 고리 원자력 발전소 일대에 미허가 드론이 발견되었다. 12일 원전 부근 상공을 비행하는 3~4대의 비행체를 고리 본부 방호 인원이 발견해 본부 내 군부대와 경찰 등에 통보하였고, 13일에도 원전 일대를 비행하는 미허가 드론이 발견되어 군과 경찰 등의 인력이 동원되었으나 추적에 실패하였다. 2019년 8월부터 2020년 6월까지 고리 원전 일대 비행 제한 구역에서 무단으로 드론을 날려 적발된 사람이 14명으로 확인되었다고 한다. 원전은 국가중요시설로 항공안전법에 따라 반경 18㎞가 비행 제한 구역으로 드론을 날리려면 항공청의 사전 허가를 받아야 한다. 원전 주변 3.6㎞ 내는 비행 금지 구역이다. 이에 원자력안전위원회는 2020년

상반기까지 고성능 감시 카메라를 설치하고, 2020년 말까지 레이다와 전파 차단 장비 등 장비에 대한 시험·검증을 추진한다는 계획을 발표했다.('고리원전서 불법드론 10개월새 14명 적발', 동아사이언스, 2020) 이는 국가중요시설임에도 불구하고 드론 테러에 대비한 방호 체계에 치명적인 공백이 존재한다는 것을 증명한 사례라고 볼 수 있다.

■ 북한 드론 테러 가능성

국내에서는 국외처럼 드론을 이용하여 직접적인 공격이나 공격을 기도한 사례는 아직 발견되지 않았지만, 드론을 이용한 북한의 테러 위협으로 발전할 수 있는 사례는 여러 번 있었다.('사우디에서 드러난 드론테러의 위협', 박보라, 2019) 2014년 3월, 2대의 북한제 소형 무인기가 각각 경기 파주와 백령도에 추락해 발견되었으며, 4월에는 강원도 삼척 등지에서 추락한 북한 드론에서 청와대 전경과 군 시설을 촬영한 사실이 밝혀졌다.(『드론학개론』, 신정호 외 2명, 2019)

2017년에는 경북 성주의 사드 기지와 강원도 군부대를 촬영한 북한 드론이 발견되기도 하였다. 워싱턴 타임스 등 외신에서는 북한이 유사시 1시간 이내 300~400대의 드론을 통해 한국에 대규모 생화학 공격을 감행할 수 있다는 주장을 망명 북한 외교관 한진명(가명) 씨의 말을 인용하여 보도한 적이 있었다.('북한, 드론 통해 한 시간내 서울에 생화학공격 가능', 중앙일보, 2017) 베트남 주재 북한 대사관 3등 서기관으로 일하다가 2015년 한국으로 망명한 것으로 알려진 그는 북한이 1990년대부터 드론 개발에 주력해왔다고 주장했다. 북한 공군

에서 공격용 드론 개발 작업을 도왔으며, 북한이 미국 등 외국 첩보
위성 탐지를 피하려고 드론을 지하에 감추어두고 수시로 장소를 옮
긴다고 밝혔다. 이러한 정황으로 볼 때 북한에 의한 드론 테러 가능
성은 충분히 있다고 봐야 할 것이다.

©yna.co.kr

추락 지점	백령도	파주	삼척
계획된 비행거리(추정)	423km	133km	150km
추락 원인	연료 부족	엔진 이상 작동	방향 조종 기능 상실
촬영한 시설	백령도 등 서북 도서 군사시설	청와대 등 서울 내 핵심 방호 시설, 파주 및 고양 군사시설	사진 지워짐

©상게서, 서일수·장경석 편저, 2020

제3장

—

안티드론 시스템

01
안티드론 개념

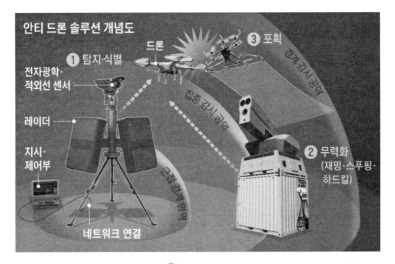

안티 드론 솔루션 개념도

① 탐지·식별
드론
③ 포획
경계감시 영역
전자광학·적외선 센서
집중 감시 영역
레이더
지시·제어부
② 무력화
(재밍·스푸핑·하드킬)
근접 경계영역
네트워크 연결

©chosun.com

드론 테러에 대한 대비 개념으로 '안티드론' 혹 '드론방호', 'CountDrone', '드론방어체계', '드론방호시스템' 같은 용어를 주로 사용하고 있다. 안티드론은 '드론으로 인해 발생하는 범죄나 테러 등 공공의 안녕과 질서를 침해하는 행위를 예방·탐지·차단하기 위해 법 집행기관, 관련 기술 및 산업 주체 등이 상호 유기적으로 결합하여 수행하는 법적·제도적·기술적 차원의 종합적 대응 활동'으로 정의할 수 있다.('안티드론 개념 정립 및 효과적인 대응체계 수립에 관한 연구', 이동혁·강욱, 2019) 즉 안티드론이란 드론에 의한 범죄나 사고를 막기 위해 다양한 방법을 통해 드론을 탐지하고 무력화시키는 기술을 통칭하는 개념이다.(이 책에서는 '드론 방호'의 용어에는 드론 자체를 방호한다는 뜻으로 오해될 소지가 있기 때문에 '안티드론'이라는 용어로 정리하였음.)

안티드론 기술은 기존 우리 공군의 영공 방위 단계인 '공중 감시-탐지-식별-요격'의 개념을 적용하여 '탐지-식별-차단(무력화)'이라는 3단계의 요소로 규정한다.('안티드론 기술의 이론과 실제', 김보람, 2017) 나의 방어 영역으로 들어온 초소형 비행체를 탐지하고, 이것이 드론 여부를 식별하며 원치 않는 드론의 침입으로 식별될 경우 차단하여 위협을 해소하는 것이다. 단계별 다양한 방식의 기술이 적용되지만 탐지 및 식별 방법은 일반적인 대공 감시 체계와 유사하다. 그러나 방법은 유사하지만 대응하는 무기 체계가 달라 적용 범위 등도 다르다. 드론의 탐지 방법은 음향 탐지, 전파 탐지(주야간), 레이더 탐지(주야간), 카메라 탐지 등 4가지 방법이 주로 사용된다. 현재 가장 확실한 방법은 가용한 모든 기술을 융합하여 대비하는 것이다.

음향 탐지는 드론 비행 중 모터 발생 소리와 빠른 회전 프로펠러로 위치를 파악하는 것인데, 주변 소음과 드론 유형, 환경에 따라 감지 범위가 제한되는 단점도 있다. 전파 탐지는 조종자와 드론 간 교신 전파를 탐지하여 방향과 위치를 탐지하는 방식이다. 그러나 전파 탐지는 주변에 간섭되는 많은 전파로 인해 방해를 많이 받을 수 있다는 단점이 있다. 레이더는 원거리에서부터 빔을 발사하여 탐지가 가능하나, 획득 및 설치비용이 많이 소요된다. 카메라는 전자 광학 및 적외선(EO/IR)을 사용하여 인간의 눈보다 정확하고 원거리에서 탐지가 되지만 넓은 지역을 한 번에 경계할 수 없는 취약점이 있다. 드론의 식별은 탐지 직후에 신속하게 진행되어야 한다. 이 두 개의 단계가 늦어지면 늦어질수록 대응이 늦어지고, 대응이 늦어지면 차단에 실패할 확률이 높아진다. 차단 방법에는 직접 파괴하는 하드킬(Hard Kill) 방식과 강제적으로 종료시키는 소프트킬(Soft Kill) 방식이 있다.

ⓒ㈜담스테크

■ 1차 원거리 탐지 단계

원거리를 탐지할 수 있는 레이더나 라디오 주파수 탐지기(RF: Radio Frequency)를 사용하여 위치한 장비로부터 통상 3㎞ 내외의 거리에 있는 드론의 항적을 탐지하고, 1㎞ 내로 접근하는 드론을 자동으로 식별할 수 있도록 한다. 최근 개발되는 장비는 탐지 거리가 계속 증가되는 추세이다. 드론이 사용하는 주파수는 주로 2.4GHz와 5.8GHz 대역이므로 드론의 라디오 통신 메커니즘을 식별하거나 드론이 Wi-Fi 통신을 사용할 때 접근하는 드론의 종류를 식별할 수 있다.(『드론학개론』, 신정호 외 2명, 2019) 그러나 레이더 시스템으로는 낮은 고도에서 저속 비행을 하는 소형 드론을 찾기가 어려울 수 있다. 또 레이더를 가동할 경우, 종일 작동시켜야 하며 고출력의 전자기 에너지는 혼잡한 도시 지역에서는 부적절하다는 비판을 받을 수도 있다.

■ 2차 근거리 탐지 및 식별 단계

드론이 라디오 주파수 탐지기 영역을 돌파하여 1㎞ 내의 근거리에 접근 시 다중 센서를 이용하여 드론을 식별한다. 드론의 외형과 음향 신호 등을 다중으로 탐지하여 식별된 드론 영상, 음향, Wi-Fi 신호, 라디오 주파수를 실시간으로 모니터링한다. 탐지된 표적에 대한 식별 절차는 피아 식별이 필요한 경우에만 실시하고, 공항이나 원전 등 국가중요시설에 법적으로 드론을 운항할 수 없는 경우에는 드론으로 확인되면 피해를 막기 위해 무조건 격퇴 또는 격추해야 한다. 주야간 식별할 수 있는 카메라는 대부분 2차 근거리에서 탐지하지만, 성능에 따라 5㎞ 이상 거리에서도 가능하면 표적에 대한 식별 작업이 시작되어야 한다.

■ 방호 수단으로 차단 단계

전파 교란 장비 등 가용한 방호 수단을 사용하여 드론을 착륙시키거나 추락시키는 단계이다. 드론 대역대의 주파수를 대상으로 교란 전파를 발사하거나 드론건, 레이저, 그물 등 다양한 수단으로 대응한다. 주파수 교란은 동일한 주파수 대역을 공유하는 Wi-Fi 기반과 혼선을 초래하는 단점이 있어서 도시 환경에서는 통신 간섭 현상이 발생할 수도 있고 드론건 등의 직접적인 차단 수단은 2차 피해를 야기할 수도 있다.

■ 무인 항공기(드론) 주파수 운용

- **면허용 주파수**(상업용 / 공공 업무용)
  - 제어용 주파수: 5,030~5,091MHZ(61MHZ폭), 기체 제어
  - 임무용 주파수: 5,091~5,150MHZ(59MHZ폭), 영상 전송
- **비면허용 주파수**(완구 / 취미용)
  - 소형드론 제어용: 2,400~2,483MHZ(83.5MHZ폭), 기체 제어
  - 무선 데이터 통신용: 5,650~5,850MHZ(200MHZ폭), 영상 전송

02
안티드론 기술 및
개발 동향

현재 국내외 안티드론 기술의 부상은 드론 사용이 계속 확대됨에 따라 민간과 군사 영역에서 놀라운 속도로 확산하고 있다. 앞으로 수년 동안은 더 빠른 속도로 발전해 나갈 전망이다. 국내에서는 일부 국가중요시설에 해당 시설의 특성을 반영한 안티드론 체계 구축 R&D를 시범적으로 진행하고 있다. 김포 공항의 레이다 시범 운영 사례와 불법 드론과 탐지·추적 시스템 개발을 위한 R&D(경찰청), 대드론·대공 무기 개발을 위한 R&D(방사청) 등의 경우이다.('드론 테러로부터 일상의 안전을 지키는 안티드론', 시큐리티월드 보안뉴스, 2019) 현재까지 국내외 식별된 안티드론의 탐지 및 식별, 차단 기술 및 장비와 개발 동향은 아래와 같다.

■ 탐지 및 식별 기술과 장비

첫 단계인 탐지는 가장 난이도가 높다. 드론은 작고 빠르며 소음이 적다. 따라서 사람의 눈과 귀로 탐지하는 것은 사실상 불가능하다. 또 현재의 감시 시스템인 방공 시스템으로는 탐지하는 것이 매우 어렵다. 2015년 일본 총리 관저에서 발견된 세슘 드론의 경우 드론 조종자의 자수로 발견되었고, 이는 드론이 착륙한 지 13일이 지난 후였다. 착륙 시점조차도 수사 당국이 파악할 수 없어서 전적으로 조종자의 진술에 의존할 정도였다. 국내 고리 원자력 발전소 상공에서 발견되었던 드론도 결국 추적하는 데 성공하지 못했다.

드론 탐지 기술은 크게 액티브(Active) 방식과 패시브(Passive) 방식으로 구분한다. 액티브(Active) 방식은 현재 군에서 주로 사용하고 있는 탐지 방식이다. 레이더가 항적을 탐지하면, 고성능 EO/IR 카메라가 항적의 확대 사진을 찍어 오퍼레이터(operator)에게 제공한다. 오퍼레이터는 이 사진을 보고 항적이 드론인지 아닌지 식별하여 최종적으로 드론을 탐지하게 된다. 대다수 드론 탐지 레이더들이 채택하고 있다. 레이더 탐지 장비의 장점은 탐지 거리가 매우 길다는 점이다. 군용이 아닌 민수용의 안티드론 탐지 및 식별 거리는 대부분 10㎞ 내외이다. 앞으로 기술 개발의 추세에 따라 더욱 확대될 것으로 예상된다. 따라서 침입하는 드론을 조기에 탐지하면 충분한 대응 시간을 확보할 수 있다. 또 탐지된 항적의 위치, 고도, 속도 등을 정확하게 추적할 수 있다는 장점도 갖고 있다. 그러나 큰 단점은 사각지대가 많이 발생한다는 것이다. 레이더 빔의 특성상 설치된 곳보다 낮은 지대의 항적은 탐지가 불가능하며, 산악 지형이나 건물 등에 의해 빔이 차폐되면 그 후방은 모두 사각지대로 변한다. 또 레이더와 10~50m 이내로 초근접할 경우 항적은 사라진다. 따라서 공항처럼 차폐물이 상대적으로 적고 지형 고저가 적은 개활지 이외에서는 많은 수의 레이더 장비를 중복으로 배치해야 효과를 기대할 수 있다. 이 경우 구매 및 관리를 위한 도입 비용은 기하급수적으로 늘어나게 된다. 또 레이더 특성상 드론과 같은 초소형 물체를 효과적으로 탐지하기가 상당히 까다로우며, 식별에도 상당한 어려움이 따른다. 일반적인 드론의 경우, 실제로 레이더 빔을 발사했을 때 반사되는 영역은 모터와 카메라 정도이며, 이 정도로는 드론으로 인식할 수 있을 만큼의 충분한 반사파를 얻기 힘들어서 드론으로 식별되지 않는다. 또 반사파의 양을 충분히 하기 위해 탐지 출력을 강화하면 무수히 증가하는 클러터와 싸워야 하기 때문에 원하는 성능을 얻을 수 없어 또한 식별이 어렵다. 드론은 일반적인 항공기와는 다른 비행 형태를 보일 수가 있는데, 예를 들어 제자리 비행을 하게 된다면 레이더 소프트웨어가 드론 항적으로 판단하기 무척 어렵게 된다. 실제로 식별에 있어 가장 까다로운 것이 드론과 새를 구분하는 것인데, 우리나라에서도 가끔 레이더가 탐지한 무인기로 추정되는 항적에 대해 헬기 요격 및 포사격이 이루어졌으나 새떼로 밝혀진 사례가 발생하기도 했다.

패시브(Passive) 방식은 드론의 라디오 통신, 외형, 소리 등의 특성을 활용하여 드론을 탐지하고 식별하는 것이다. 라디오 통신 탐지의 경우, 드론과 드론 조종자 간 송수신되는 신호를 탐지하고 식별한다. 그러나 드론이 라디오 통신을 완전히 끊고 GPS만을 이용하여 사전 프로그래밍된 대로만 비행할 경우 라디오 통신 탐지는 무력화된다. 이를 위해 드론의 외형 및 소리를 탐지하는 영상과 음향 센서로 보완해야 한다. 패시브 방식은 탐지 및 식별을 완전 자동화할 수 있다는 점과 드론의 물리적이고 전자적인 특성을 데이터베이스화하여 오탐률을 크게 낮춘다는 점에서 레이더 시스템 방식과 대비된다. 또 빔을 쏘아야 하는 레이더 시스템과는 달리 행정적이고 법적 장애가 상대적으로 적으며, 도입 비용이 수십억을 호가하는 레이더보다 획득 및 유지 보수 비용도 상대적으로 저렴하다는 장점이 있다. 그러나 패시브 방식의 가장 큰 단점은 탐지 거리가 짧아 대응 시간이 적다는 것이다. 라디오 통신 탐지의 경우 대부분 수 km 이내의 탐지 거리이며, 드론의 로터 소리를 포착하는 음향 센서는 주위의 잡음 등을 고려할 때 300m 정도 이내로 들어와야 탐지를 할 수 있다. 따라서 테러 공격에 대비하는 경우 패시브 방식의 단독으로는 일부 제한이 있을 수 있다. 탐지 및 식별 능력을 극대화하기 위해서는 방어 목표에 따라 액티브 방식과 패시브 방식을 조합하는 것이 가장 이상적이다. 즉 레이더로 원거리 탐지를 시행하여 충분한 대응 시간을 확보하되, 레이더가 가지고 있는 많은 사각지대는 라디오 통신 탐지와 영상·음향 탐지로 메우는 것이다. 그러나 국가중요시설의 방어 목표 요구 수준, 특성과 여건, 경제성과 효율성 등을 고려하여 레이더 단독 탐지 또는 패시브 방식만으로 운영하는 것도 고려해 볼 수 있다.

구분	액티브 방식	패시브 방식	복합 방식
방식	레이더 활용	RF, 외형, 소리 활용	복합
장점	긴 탐지 거리, 높은 정확성, 충분한 대응 시간 확보	비용 저렴 낮은 오탐률	액티브 / 패시브 장점 포함
단점	사각지대 발생 가능 초소형 물체 오탐지 가능 획득비용 과다	짧은 탐지거리	액티브 / 패시브 단점 보완
주요 장비	Rafael, ELTA(이스라엘)** Blighter system(영국)** Robin Radar(네델란드)	D-FEND(이스라엘)** Droneshield(미국) Aaronia(독일)** Sensofusion (핀란드)	Dedrone(독일) Gryphon Sensors (미국)

**해외 업체 장비 사진 참고 ©『국방과 기술』, 김용환 외 2명(2018)

©Rafael.com

©Blighter.com

©d-fundsolutions.com

Jammer Integration

Mobile Handheld / Manpack Jammer

Omni-and directional antenna, covers a total of 4/5 bands, up to 120W (up to 2 km range)

Automatic Sector Jammer (180°/360°)

2/4 sectors with 2/4 antennas, covers all bands, 180W/360W (up to 3 km range) or 650W/1300W (up to 6 km range)

Automatic Sector Jammer (360°)

8 sectors with 8 antennas, covers all bands, 360W (up to 3 km range) or 1300 W (up to 8 km range)

©AARTOS.com

국내외적으로 현재 운용되고 있는 주요 탐지 및 식별 장비는 다음과 같다.

(1) 이스라엘 IAI사 자회사인 ELTA의 EML-2084MMR 저고도 탐지 레이더는 현재 저고도 소형 무인기를 탐지할 수 있는 최고의 능력으로 평가되는 장비이다. 포탄과 로켓 등을 요격하는 아이언 돔(Iron Dome) 대포병 탐지 레이더로 최대 탐지 거리는 100㎞, 새 크기의 표적은 20㎞ 거리에서 포착이 가능하다.

(2) 드론 탐지 레이더인 ELVIRA는 네덜란드 Robin Radar사에서 개발한 장비로 최대 탐지 거리 3㎞, 반경 1.1㎞ 내 자동 식별, 빔 발사각 10°×10°, 사용 주파수 X밴드 9,650MHz, 최대 출력: 4W / 36dBm 성능의 레이더이다.

(3) 독일 Aaronia사에서 개발한 RF 스캐너는 최대 탐지 거리 8㎞, 0~6GHz 대역의 드론 라디오 주파수 및 드론의 Wi-Fi 신호 탐지가 가능하고, DJI 비디오 전송 시그널과 드론 조종 신호를 탐지하는 탐지기이다. 패시브 방식의 장비로 인체에 유해한 전파를 발사하지 않는다.

(4) 저고도 탐지 레이더 FPS 303K는 국내 ㈜LG 넥스원이 개발하여 공군에서 운용 중인 장비로 최대 180㎞에서 접근하는 저고도 비행체를 탐지할 수 있으며, 3㎞ 이하의 고도로 낮게 침투해오는 무인기를 탐지 및 추적할 수 있는 장비이다.

(5) 저고도 탐지 레이더 TPS-830K는 국내 ㈜LG 정밀에서 개발하

여 육군에서 운영 중인 장비로 공군의 주 감시 레이더를 보완하여 최대 탐지 거리 40㎞, 최대 탐지 고도 3㎞의 성능을 가지고 있으나, 소형 무인기 탐지에는 다소 어려움이 있는 것으로 알려져 있다.(『국방과 기술』, 김용환 외 2명, 2018 / 『드론학개론』, 신정호 외 2명, 2019)

(6) 국내 대구경북과학기술원(DGIST) 연구진이 8㎞ 떨어진 소형 드론을 식별할 수 있는 레이더 기술을 개발, 2021년에 군용으로 시범 운영할 예정이다.('8km 거리 소형드론 식별 안티드론 레이더 나왔다', 조선일보, 2020)

■ 차단 기술과 장비

드론을 성공적으로 탐지 및 식별했다면 다음 단계는 과연 어떻게 드론을 차단할 것인가이다. 현재까지 나온 기술들은 모두 나름의 한계가 있어서 향후 더 많은 연구 개발이 필요한 실정이다. 드론 차단 기술은 크게 소프트킬(Softkill)과 하드킬(Hardkill) 방식으로 나눈다. 소프트킬 방식은 전자적으로 드론을 차단하는데, 전파 교란(Jamming), 소프트웨어 접근 방지 기술(Geo-fencing: 지오펜싱), 통제권 강탈(Spoofing: 스푸핑) 등이 있다. 전파 교란(Jamming)은 드론의 라디오 통신 및 GPS 항행을 교란하는 것이다. 제조사 및 제품의 사양에 따라 차이가 있을 수 있지만, 일반적으로 조종자와 통신이 단절되면 드론은 이륙한 곳으로 되돌아가거나 통신을 회복할 때까지 제자리 비행을 하거나 또는 제자리에 바로 착륙하도록 프로그래밍 되어 있다. 따라서 전파 교란은 가장 저렴하면서도 효율적인 드론 무력화 방식이라고 평가할 수 있다. 그러나 전파 교란 방법은 드론과 같은 동일한 주파수를 사용하는 통신 장비들도 함께 교란되므로 사용에 주의가 필요하다. 지오펜싱(Geo-fencing)은 드론의 항법 소프트웨어에 비행 금지 구역을 사전에 설정하여 특정 구역으로 비행하지 못하도록 강제하는 기술이나 소프트웨어 해킹 등에 취약한 단점을 가지고 있다. 통제권 강탈(Spoofing)은 조종자의 조종 신호를 받아 비행 중인 드론의 GPS 위치가 아닌 제3의 지역으로 강제 착륙하게 하는 방식이다. 소프트킬 방식의 일부 문제점 때문에 효과적인 하드킬 방식을 개발하기 위한 다양한 시도가 군을 중심으로 이루어지고 있는데, 레이저 및 전자기 펄스 등으로 드론을 차단하는 무기 체계가 개발되고 있다. 2020년 1월 국방부가 대통령 업무 보고 시 국방과학연구소에서 2016년부터 개발한 안티드론 무기인 레이저 대공 무기를 처음으로 선보였다.('드론 잡는 레이저총 첫 공개…', 연합뉴스, 2020) 현재 일부 방산업체에서도 미국 연구소와 협력하여 한반도 내 드론 탐지와 추적 레이더 성능 향상을 위한 알고리즘 개선과 소형 무인기 무력화용 탄두 개발을 위해 공동 연구를 진행하고 있다. 이런 연구를 통해 확보한 기술로 핵심 시설 방호 및 무인기 대공 체계 개발에 적극 활용할 예정이다. 레이저 체계 개발은 개발 비용도 매우 높을 뿐만 아니라 하늘에 점처럼 보이는 드론을 조준해서 맞추는 데 상당한 기술 개발이 요구된다. 또 타격 된 드론이 수직 낙하할 경우 아래에 있는 인력이나 시설에 2차 피해가 발생할 소지가 있을 가능성과 불발될 경우에는 원치 않는 피해가 예상되어 실제 사용 간에는 상당한 제약이 따를 것이다. 이에 대한 대안으로 그물을 이용한 드론 포획 방식도 개발되어 있다. 드론에 그물이 닿기만 해도 프로펠러를 휘감으며 비행이 중단되는 원리를 이용한 것이다. 영국 스타트업 오픈웍스(OpenWorks)는 그물탄을 발사, 드론을 포획하는 시스템을 개발하였다. 기존에 보유하고 있는 개인 화기 등을 이용해서 드론을 격추하는 방안도 있다. 예를 들어 산탄총으로 드론을 격추하는 것이다. 그러나 비행 중인 드론을 화기로 명중하는 것은 상당히 난이도가 높은 편이다. 드론은 조금만 멀리 떨어져도 인간의 눈에는 잘 식별되지 않는다. 눈에 보이지도 않는 드론을 조준하여 사격하기도 어려울뿐더러 빠르게 이동하는 작은 목표물을 정확히 명중한다는 것은 거의 불가능에 가깝다. 따라서 화기를 이용할 경우 가까이 접근한 드론이 천천히 움직이거나 제자리 비행을 해야 한다는 매우 제한적인 전제 조건이 있어야 한다. 또 드론에 폭탄 등이 설치되어 있다면 더욱 위험한 상황에 직면할 수 있다. 결국 화기를 이용한 드론 차단은 효과가 매우 제한적이며 위험한 대처 방법이라고 평가할 수 있다. 이외에도 드론을 잡는 드론 킬러 등 다양한 방법들이 계속 개발되고 있다. 국내외적으로 현재 운용 중인 차단 장비로는 아래와 같다.

(1) 드론 주파수를 교란하는 장비는 통상 재머(Jammer)라고 한다. 최대 교란 범위는 장비의 성능에 따라 차이가 있지만, 전방위 500m 정도이며 최대 출력은 채널별 20~50W이고 드론이 주요 사용하는 주파수 대역과 GPS 신호를 교란한다. ㈜포윈(FOWIN)이 개발한 Jammer는 무선 전파만으로 적 초소형 드론을 제압 격추하고, 사격 통제 장치에 의한 다수 시스템과 자동 추적 안테나와의 연동이 가능하다.

(2) 이스라엘 D-Fendsolution 회사에서 제작한 스푸핑 장비는 레이더와 Jammer 없이도 최대 7㎞ 거리에 있는 불법 드론을 주파수 강탈을 통해 지정된 위치로 강제 착륙시킬 수 있다.

(3) 드론 스나이퍼(Drone sniper) AEGIS-D는 ㈜비에이솔루션즈가 개발했는데 어깨에 견착하여 직접 조준하여 사용하는 Jammer로서 조종기와 드론 간의 전파를 방해하여 드론의 움직임을 막고 GPS 신호 수신을 방해한다. 재밍 거리는 150m~1㎞ 정도이다.

(4) 스카이월(SkyWall)100은 영국에서 개발한 드론 포획용 장비로 바주카포 방식으로 10~100m 내의 드론에 대해 그물을 쏘아서 포획하는 장비이다. 조준경을 통해 자동으로 추적할 수 있고 사용한 그물탄은 회수하여 재활용할 수 있다. 간편하게 휴대하면서 사용이 가능한 NETGUN X-1 그물 발사기도 있다.

(5) 드론 킬러(Drone killer)는 국내 기업인 ㈜유콘시스템이 개발한 장비로 드론 킬러에 탑재된 영상 카메라에 의해 목표로 하는 드론에 직접 추돌하여 제압하는 장비이다.

⑹ 미 미시건대 공대팀 등에서 제작한 **Drone Catcher**는 드론 잡는 드론으로 사람이 들어갈 수 없는 곳에 드론이 직접 그물을 살포하여 비행하여 들어가 접근하는 드론을 포획하여 제압하는 효과적인 장비이다.

⑺ 기타 현재 미군에서 사용하고 있는 레이저, 드론건 등 다양한 형태의 차단 장비들이 운용되고 있다.(『드론학개론』, 신정호 외 2명, 2019)

■ 최신 기술 개발 동향

국내외 공항 공역에서 항행의 안전을 위해 드론 식별 체계를 시범적으로 운영하는 사례가 많다. 미국은 미연방항공국과 미항공우주국에서 관련 연구를 진행하고 있는 것으로 알려져 있다. 대부분의 공항 드론 식별 체계에는 레이더, 무선 주파수 탐색기, 주야간 카메라 다중 센서를 이용한 시스템을 개발하고 있다. 또 이스라엘과 미국에서 시범적으로 공중 표적의 탐지, 추적 및 식별 기능을 레이더와 카메라 기능을 통합 제공하는 sky spotter 시스템을 구축하여 운영 중이다. 이외에도 스텔스 항공기 탐지 시스템과 DJI 드론 전용 탐지 시스템 개발, 특정 구역에 드론이 진입하지 못하도록 가상의 펜스를 제공하는 에어 펜스 시스템 등을 개발하고 있다.(『드론과 안티드론』, 오세진 외 3명, 2020)

국내에서는 해커가 해킹하기 어렵고 위변조를 방지할 수 있는 블록체인 기술을 안티드론 기술에 활용하려는 연구가 활발하게 시도되고 있다.(『드론과 안티드론』, 오세진 외 3명, 2020) 블록체인은 2008년 사토시 나카모토에 의해 제안된 비트코인 거래를 위한 보안 기술이다. 온라인에서 사용하는 전자 화폐인 비트코인 특성상 화폐를 암호화했다. 블록체인의 블록은 헤더(Header)와 바디(Body)로 구성된다. 헤더(Header)에는 이전 블록의 정보와 현재 블록의 정보가 함축적으로 담겨 있으며, 바디(Body)는 여러 개의 트랜잭션이 담겨 있다. 또 헤드를 통해 블록들이 유기적으로 연결되어 있어 조작 및 수정이 어려워서 무결성에 대한 신뢰성이 보장된다.('신뢰할 수 있는 허가형 블록체인 기반 전자투표 시스템 설계 및 구현', 강희정, 2019) 블록체인은 블록이 계속 추가되는 구조로 블록을 생성할 때 이전 블록의 헤더 해시값을 사용하여 블록을 생성한다. 이전 블록이 변경되면 이후 블록이 변경되는 구조이기 때문에 변조를 위해서는 생성된 모든 블록을 변조해야 한다. 블록 바디의 트랜잭션 무결성을 확보하기 위해서 블록 헤더에 트랜잭션을 해싱한 값을 넣어 블록을 생성한다. 이처럼 블록체인은 분산 시스템으로 다수의 노드가 정보를 공유함으로써 무결성을 보장한다.

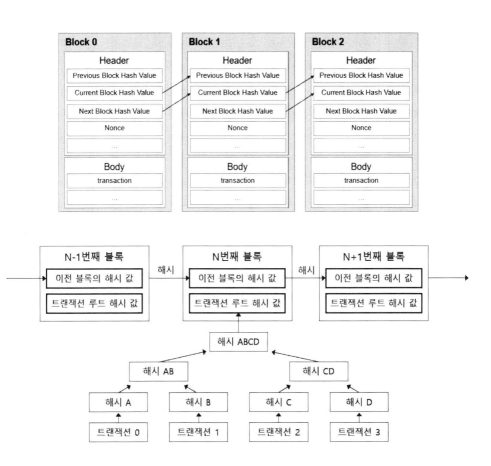

©'블록체인 기반 신뢰적 뉴스 검증 시스템 설계', 손서연(2019)

블록체인은 정보를 중앙의 한 기관이 아닌 다수가 공동으로 소유하기 때문에 일부 시스템의 오류와 성능이 저하되더라도 전체 시스템에는 큰 영향을 미치지 않는다. 또 네트워크 참여자가 같은 데이터를 공유하고 있기 때문에 수정이 생겨도 기록이 블록체인에 남아 있어서 부인 방지 기능도 할 수 있다. 이러한 블록체인의 특징은 데이터 조작 및 해킹 등 외부의 악의적인 공격을 어렵게 만들어서 위변조가 불가능하며 보안성이 매우 높다고 평가받고 있다.

최근 농식품 분야에서도 블록체인 기술을 응용한 농식품 이력 추적 시스템을 도입하여 농식품에 대한 신뢰를 높이고 있다. 안티드론 시스템에도 이러한 블록체인 기술을 활용한다면 테러 행위를 하려는 드론을 탐지 및 식별하기 위해서 획득된 영상 정보에 대한 왜곡 및 변질 가능성을 해소할 수 있을 것이다. 다양한 종류의 드론이 계속 개발되더라도 사전에 수집된 드론에 대한 이력을 통해 탐지 및 식별이 신속하게 이루어질 것이다. 그렇게 하면 아무리 많은 다수 표적일지라도 즉각적인 탐지가 가능하고 동시에 식별하고 차단할 수 있다. 블록체인 기술 이외에도 무인기 전파 탐지 기술에 AI 기술을 접목하는 등 계속 개발 중이다.

03
안티드론 시스템
구축 사례

1) 국내 공공기관 사례

■ 평창 동계 올림픽

2018년 평창 동계 올림픽 행사 기간에 드론을 이용한 테러 및 사고를 예방하기 위해 4개의 권역, 즉 1권역(강릉권), 2권역(평창권), 3권역(봉평권), 4권역(정선권)으로 드론 통제 공역을 설정하였다. 이러한 통제는 이후 패럴림픽 기간에도 똑같이 적용되었다. 조직위에서는 올림픽 기간에 평창, 강릉 등의 하늘엔 길이 17m의 전술 비행선을 띄웠다. 원래 군에서 정찰 목적으로 사용하는 유선 비행선은 150~200m 상공에서 24시간 동안 지상에서 감시 정찰 역할을 했다. 야간 촬영 기능을 갖춘 고성능 카메라로 포착한 영상은 조직위 안전관리실뿐만 아니라 대테러 업무를 총괄하는 정부 기관에서도 실시간으로 볼 수 있었다. 또한 '드론 테러'를 차단할 3중 대비책도 운용하였다. 수상한 드론이 나타나면 전파차단 기술로 무력화를 시도하고,

전문 요원이 드론에 산탄총을 쏴 격추를 노린다. '안티드론'과 '킬러

드론'도 동시에 출동하며, 킬러드론은 품고 있던 2×2m 크기의 그물

을 날려 수상한 드론을 포획하도록 했다.('軍비행선·킬러드론 떴다', 조선

일보, 2018)

©조선일보(2020)

■ 인천 국제공항

인천 국제공항은 국내 민간 공항 중 최초로 안티드론 탐지 시스템

을 구축하여 2020년 9월부터 시범 운용 중이다. 탐지 시스템은 항

공기의 안전 운항을 위해 불법 드론을 선제적으로 탐지 및 대응하

는 역할을 수행하며, 이를 위해 레이더와 주파수 탐지(RF 센서 스캐너)

방식을 채택해 드론 탐지율을 극대화하였다. 인천 국제공항은 이 시범 운영을 바탕으로 개선 사항을 보완해 2021년 말부터는 탐지 시스템을 본격 운영하고, 불법 드론 탐지 시 드론 포획 및 격추 등 무력화 작업을 위한 민·군·경 MOU를 체결해 신속한 대응 체계를 구축해 나갈 계획이다.('한국공항공사·KAIST, 드론탐지 레이더 시제품 개발', 한국면세뉴스, 2020)

■ 국방부

국방과학연구소는 하드킬(Hardkill) 방식인 레이저 요격 기술을 개발하여 레이저 대공 무기를 2023년까지 전력화할 예정이다. 보안 시설에 접근하는 드론을 향해 레이저 빔을 발사해서 드론의 GPS 시스템을 교란하는 방식이다.

ⓒ'드론봇 전투체계 발전세미나', 박병석(2019), news1.com

육군은 드론봇 전투단을 창설하여 운영하고 있으며 드론을 활용한 정찰, 공격 위주로 연구를 진행하고 있다. 기존 방공포대 등을 활용하여 드론 공격에 대비하고 있지만, 소형 드론을 레이더로 감지하기가 어려워 사실상 대응 시스템이 미흡한 실정이다. 그러나 최근 자주대공포 무기인 K-30 비호복합 무기가 소형 드론에 대한 대응 능력이 탁월함을 인증받고 있다고 한다. K-30 비호복합 무기는 신속한 기동성과 향상된 작전 능력으로 저고도 공중 방위력을 높이며 자유롭게 움직이는 소형 레이더로 사각지대 문제를 해결하고, 대공포와 적외선 유도 미사일 신궁과 결합하여 비교적 저렴한 가격으로 방어할 수 있다는 장점이 있다.('인도 국방장관 韓방산 만난다…', new1, 2020)

2) 주요 해외 사례

■ 미 육군

미 육군과 보잉사가 공동으로 레이저 건을 개발하여 현재 미 육군 등에 납품되어 실전에 배치되어 있다.(상계서, 민진규·박재희, 2019) 또 기존의 방공 시스템(레이더)으로 드론에 대응하고 있으나 소형 드론에 대한 대응을 위해 별도의 안티드론 시스템을 구매 중이며, 기본 시스템은 레이더를 기반으로 하고 레이더에 인식되지 않은 소형 드론은 전자 추적 시스템 및 카메라로 추적 및 제압한다. 미 육군에서는 '17년 720억 원 규모, '19년에는 약 1,200억 규모의 안티드론 시스템 구매 계약을 체결하였다. 미 육군은 시뮬레이션을 통해 안티드론 시스템 도입 시 1일 차에는 72대 드론, 2일 차에는 52대 드론, 3일 차에는 드론의 공격이 없어지는 효과를 얻었다고 한다. 미 육군은 지난 몇 년 동안 소형 드론의 탐지가 훨씬 더 어렵고, 소형 드론이 레이더 시스템을 회피하는 등 위협이 증가하고 있음을 인식하여 예산을 증가하고 있다.(Army Technology. 2019)

©nownews.com, srcinc.com

■ 영국의 개트윅 공항 등

영국은 개트윅 공항 활주로 부근에 등장한 드론으로 인한 사고가 발생했을 당시 드론 조종사와 교신을 교란하는 데 이스라엘 방산업체인 라파엘(RAFAEL)의 드론돔(Drone Dome)이 활용되었다고 밝혔다.

또 국방부에서는 700만 달러의 레이더, 카메라, 재머 기능을 갖춘 멀티 센서 시스템을 도입하였으며, 생명이 위험한 상황에서는 재밍 기술을 사용할 수 있도록 법 개정도 하였다. 영국 육군은 오스트레

일리아 안티드론 개발업체인 드론쉴드(Droneshield)의 드론건을 도입하여 운용 중이다. 크기가 소형으로 병사들이 직접 휴대할 수 있는 장점이 있다. 영국 경찰에서는 드론을 나포할 수 있는 바주카포 스카이월(SkyWall) 100시스템도 무장할 계획이라고 한다.(상게서, 민진규·박재희, 2019)

©standard.com, newsbreak.com

■ 프랑스 군대

프랑스 드론 전문 업체인 말루테크에 따르면 2015년 2월 드론을 포획하는 드론을 개발했다고 한다. 접근이 금지된 구역을 비행하는 드론에 접근해 거대한 그물을 씌우는 방식으로 나포한다. 프랑스 육군은 2019년 7월 무인 비행 시스템 신호를 교란하는 첨단 재머(jammer)인 네로드(NEROD)F5를 활용한 훈련을 선보이기도 했다. 네로드F5는 드론에 조준하여 방아쇠를 당기면 마이크로파가 발사되어 원격 통신을 방해함으로써 조종자가 통제력을 잃도록 한다. 보통의 드론 재머에는 거대한 배터리가 필요하지만 네로드F5는 라이플 형태로서 비교적 작은 배터리를 사용한다는 것이 장점이다. 프랑스 공군에서는 드론을 제압하기 위하여 독수리를 훈련시켜 활용 중이다.(Science the times, 2019)

©CAMBIO.com, TheNewIndianExpress.com

■ 일본

일본 경찰은 2015년 일본 총리 관저로 방사성 물질을 담은 드론이 날아온 이후 이에 대응하기 위해 불법 드론을 제압하는 드론 제압용 그물을 휴대한 드론 등을 활용 중이다. 일본은 도쿄 올림픽 개최 개최 계획과 맞물려 안티드론 시스템 구축에 국가적 역량을 동원하고 있다. 항공법을 개정하고 드론을 위한 주파수 대역을 할당하는 등 제도를 정비하고, 드론 특유의 기술 융합적인 장점에 주목하여 다양한 분야에서 활용 가능성을 보고 있다. 안티드론 관련 산업

과 함께 미래 성장할 산업으로 예측하고 개발시켜 나가고 있다.('무인
항공기(드론) 확산에 따른 국회 보안강화 방안', 한국행정학회, 2019)

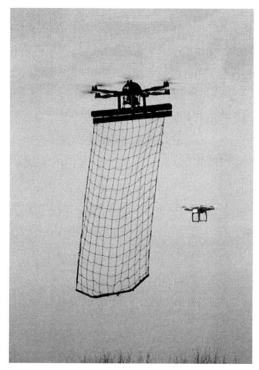

©m.edu.dong.com

제4장

연구 방법 및
분석 결과

01

계층 분석(AHP) 기법의
개념 및 절차

계층 분석(AHP: Analytic Hierarchy Process) 기법은 다수의 대안에 대하여 다수의 평가 기준과 다수 주체에 의한 의사 결정을 위해 설계된 의사 결정 방법의 하나이다. 1971년 펜실베니아 대학의 Thomas L. Saaty 교수에 의해 개발되었으며, 계층 분석 의사 결정 기법이라고도 불린다.(『다기준 의사결정 방법론 이론과 실제』, 권오정, 2018) AHP 기법은 전문가들의 평가를 종합해 일관성 있게 평가했는가를 검증하고 검증에 통과한 평가 결과만 취합해 종합적으로 대안의 우선순위를 정하는 기법이다. 또 AHP 기법은 쌍대 비교에 의한 판단으로 평가자의 경험, 지식과 직관을 포착하고자 하는 의사 결정 방법론으로 복잡한 문제를 계층적 분석을 통해 최적의 대안을 선정할 때, 전문가 집단의 의견을 수학적으로 검토하는 절차를 가지고 있으며 그 유용성이 대단히 뛰어난 기법이다. AHP 기법은 의사 결정 과정에 포함해야 할 요소와 계층 간의 상호 관계를 설정하고, 수평적 요소 간 정량적인 비교가 불가능한 사항에 대해 전문가들의 주관적인 판단을 객관화할 수 있도록 1:1 쌍대 비교를 한다. 이를 통하여 요소 간의 가중치를 결정한 후 하위 계층의 평가가 상위 계층에 전달되는 효과를 추정할 수 있는 시스템적 접근 방법이다.('한국의 선진국방 전력 체계 구축을 위한 국방비 적정수준에 관한 연구', 김기택, 2009) AHP 기법의 특징은 4가지 공리가 적용되는데, 두 개의 요인을 짝지어 비교할 때 선호의 강도는 역수 조건을 만족시켜야만 한다는 역수성(reciprocal), 중요도는 정해진 척도에 의하여 표현 가능한 동질성(homogeneity), 한 계층의 요소들은 상위 계층의 요소에 대하여 종속적이어야 한다는 종속성(dependency), 그리고 의사 결정을 위한 내용을 계층이 완전 하게 포함하고 있다고 가정하는 기대성(expectation) 등이다.('Axiomatic foundation of the analytic hierarchy process', T.L.Saaty, 1986) AHP 기법의 장점은 의사 결정 문제에 있어서 전문가 개인의 경험이나 지식에 대 한 주관적인 판단을 배제하고, 다수 전문가에 의한 객관적 판단을 통하여 의사 결정의 신뢰도와 객관성을 높일 수 있다. 또 평가 항목 을 계층 구조로 나누어 평가 체계를 논리적으로 전개하기가 쉽고, 평가 항목의 가중치를 설정할 때 일관성을 검증할 수 있으며, 가중 치의 합 방식을 이용하여 평가 결과를 표준화된 점수로 환산할 수 있다.('작전운용성능 결정을 위한 체계적 분석기법 연구', 류영기, 2011) AHP 기 법을 사용하여 가장 선호하는 대안을 선택하려면 먼저 목표와 평가 의 기준, 대안을 설정한 후 분석하려는 문제를 계층적으로 구조화 해야 한다. 이어 쌍대 비교를 실시하고 일관성 검증 과정을 거쳐 가 중치를 산출하며 대안 선호도를 비교하는 것이다.

문제 목표 설정 → 평가 기준 설정 → 대안 설정 →
문제 계층적 구조화 → 쌍대 비교 실시 → 일관성 검증 →
가중치 산출 → 대안 선호도 비교

계층 구조화에 있어서는 우선 분석하려는 목표를 제1 계층으로 최상위 계층에 놓고, 목표를 달성하기 위한 요소들을 큰 틀에서 분해하여 제2 계층의 항목들로 설정한다. 제2 계층에 있는 항목별로 다시 그 항목들을 달성하기 위한 세부 요소들로 분해하여 제3 계층 항목들로 설정한다. 계층은 일률적으로 똑같이 존재하는 것이 아니라 어떤 항목은 n개 계층으로 분해되고 어떤 항목은 m개 계층으로 분해되는 것과 같이 문제에 따라 계층의 단계가 상이할 수 있다. 이렇게 문제 전체를 설명 가능한 영역까지 계층화하여 문제를 구조화할 필요가 있다. 문제 구조화에서 중요한 것은 너무 계층이 깊어서 문제의 복잡성 증가를 초래하거나 계층이 너무 얕아서 문제를 충분히 설명하지 못하는 것은 바람직하지 않다.(상게서, 권오정, 2018) AHP 기법을 적용하여 의사 결정을 하기 위해서는 일반적으로 아래와 같이 4단계를 거친다.

단계		내용
1단계	의사 결정 문제의 계층 구조화	의사 결정 문제를 상호 관련된 의사 결정 요소의 계층으로 분류하고, 의사 결정 계층을 선정
2단계	의사 결정 요소 간 쌍대 비교	의사 결정 요소의 쌍대 비교로 입력 자료를 수집
3단계	가중치 측정 및 일관성 검증	의사 결정 요소의 가중치를 구하기 위해서 일관성 지수(CI)와 일관성 비율(CR)을 검토
4단계	의사 결정 요소들의 우선순위 산출	평가 대상이 되는 여러 대안에 대한 순위 조합을 얻기 위해 의사 결정 사항의 상대적인 가중치를 종합

ⓒ'AHP 기법과 판단지수를 활용한 창정비 수행기관 선정방안 연구. 최담(2015)

국가중요시설에 안티드론 시스템을 구축하는 데 있어 장비의 어느 성능이 더 중요한지, 그 대안의 우선순위를 전문가 의견을 반영하여 결정하기 위해서는 이 계층 분석(AHP) 기법이 가장 적합하다고 판단하여 적용하기로 하였다.

02
계층 분석(AHP) 기법을 통한 실증 연구

　많은 외부인이 자유롭게 방문할 수 있는 국가중요시설 가운데 하나인 국회의사당의 경우를 살펴보자. 국회의사당은 다른 국가중요시설에 비해 보안 수준 분류는 '가'로서 높은 실정이나, 관리 수준이 비교적 낮고 일반인의 출입이 상대적으로 쉬우며, 공격을 통한 상징적인 효과가 매우 크기 때문에 테러 가능성이 높다고 볼 수 있다. 국회의사당은 국가중요시설임에도 불구하고 시설 구조는 보안 부분보다는 사용자 편의 위주로 운용되고 있으며, 평지에 놓여 있다. 주변의 넓은 도로와 접하여 있을 뿐만 아니라 인근 한강 고수부지에 평소 사람들의 이동이 많아 기본적으로 보안에 취약한 구조이다. 또 통합방위법, 국가정보원법, 국회경호·방호 편람, 국회 내규 등에 의해 출입 관리, 보안 관리가 이루어지고는 있지만, 울타리나 벽, CCTV, 경계 요원 등 기존 경계 시스템으로 유지되고 있어서 드론 테러에 대비하기에 다소 부족하다. 드론에 의해 무단으로 공중으로 출입하거나 촬영하는 경우, 이에 대한 즉각적인 제재가 미흡한 실정이다. 예상되는 드론 공격 상황은 국회의사당을 중심으로 주변을 감시하거나 가로질러 통과 또는 직접 위협 물질을 투하하는 등 다양한 경우가 될 것이다.(상게서, 한국행정학회, 2019) 국가중요시설에도 안티드론 시스템인 탐지-식별-차단의 과정이 적용되며 탐지와 식별은 가장 선행되는 단계이며 일부 중첩되는 과정이기도 하다. 이 단계에서 제대로 대응하지 못하게 되면 대응 자체가 불가능하게 된다.

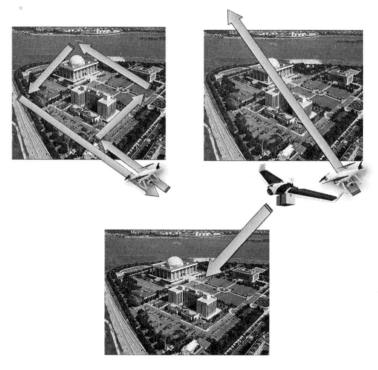

©한국행정학회(2019)

현 규정상으로는 국가중요시설인 국회의사당은 비행 금지 구역으로 승인된 드론에 한해서만 운행이 가능하다. 승인되지 않은 드론이 활동하게 된다면 이에 대한 합당한 조치를 해야 한다. 물론 일반 상용 드론에는 지오펜싱 기술이 대부분 탑재되어 비행 금지 구역은 통제가 되도록 설계가 되어 있을 것이라고 보지만 얼마든지 위반할 수 있다고 보아야 한다.

이 책에서 국회의사당과 같은 국가중요시설에 안티드론 시스템을 구축하기 위한 '연구의 절차도'는 아래 그림에서 보는 것과 같다. 우선 시스템을 구성하고 있는 요소인 탐지, 식별, 차단을 구분하고, 안티드론 각 시스템 분야별로 필요한 세부 기준에 대해서는 전문가 의견과 각종 세미나, 학회 등에서 제기된 내용, 관련 문헌 등을 통해 선정했다. 선정한 세부 기준에 대해 전문가 설문 조사 결과를 분석 기법에 적용하여 요소별 우선순위를 결정했다. 대안의 우선순위도 결정하여 국가중요시설에 최적화된 기준 설정에 적용하고자 했다.

안티드론 시스템을 구성하는 탐지 시스템에는 최저 속도 탐지, 저고도 탐지, 소형 표적 탐지, 다수 표적 동시 탐지, 전 방향 탐지를, 식별시스템에는 장거리 표적 식별, 폭발물 탑재 식별, 다수 표적 동시 식별 능력이 중요한 요소로 파악되었다. 차단 시스템에는 소프트킬 능력과 하드킬 능력, 다수 표적 동시 차단이 중요한 요소로 식별되었다.

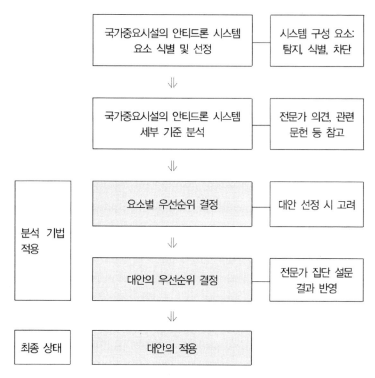

| 국가중요시설의 안티드론 시스템 요소 식별 및 선정 | 시스템 구성 요소: 탐지, 식별, 차단 |
| 국가중요시설의 안티드론 시스템 세부 기준 분석 | 전문가 의견, 관련 문헌 등 참고 |

분석 기법 적용

| 요소별 우선순위 결정 | 대안 선정 시 고려 |
| 대안의 우선순위 결정 | 전문가 집단 설문 결과 반영 |

최종 상태 | 대안의 적용 |

국가중요시설 안티드론 시스템 구축을 위한 '연구의 절차도'

안티드론 시스템에서는 얼마나 신속하고 정확하게 탐지하는가에 대응의 성공 여부가 달려있다. 탐지 장비로 사용하고 있는 레이더, RF 스캐너, 시각 장비(카메라), 음향 장비들을 서로 비교한 결과는 다음과 같다.

구분	장점	제한
레이더	· 최대 100km 장거리에서 1차 탐지 가능 · 자율 비행에 관계없이 대부분 드론 유형 추적 가능 · 다수 표적 동시 탐지 가능 · 시각 조건(주야, 흐린 날씨 등)과 무관 · RF 또는 음향 신호 불필요	· 획득 및 설치 비용 과다 · 유인 항공기용 레이다는 소형 드론 탐지 제한 · 저고도 비행, 느리게 이동 또는 하버링 드론 탐지 어려움 · 숙련된 레이다 운영자에 대한 높은 의존도 · 유사한 모양(새, 구름 등) 오탐지 가능
RF 스캐너	· 최대 1km 내외 탐지 가능 · 레이다보다 비용 저렴 · 특정 무선 주파수 대역 탐지 가능 · 주파수 캡처하여 탐지 가능 · 높은 정확도 유지 · 드론 이륙 전 조기 경보 가능 (켜져 있을 때)	· 자율 비행 드론 감지 불가 · 전자기 간섭 및 낮은 시계 · 공격자에 의해 해킹당할 우려 · 동시에 소수 드론만 탐지 가능 · 100m 이내 거리에서 효과 감소
시각 장비	· 전기 광학(EO) 카메라의 시각 신호 감지하여 드론 탐지 · 열화상(IR) 카메라의 열 신호 적외선 스펙트럼 탐지 · IR 센서로 드론과 새 구분 가능 드론 RF 신호 불필요	· 효율적인 사람의 간섭 또는 인공지능 필요 · EO/IR 해상도 기능에 따라 감지 제한 · 다수 드론 탐지 제한 · EO 카메라는 일광, 실외 조도 조건에 따라 상이(흐림, 어둠 등) · 새 또는 유사한 모양의 소형 드론과 혼동 가능
음향 장비	· 음향 신호에 따른 분류 · 승인된 드론과 미승인된 드론 구분 가능 · RF 신호 불필요 · 저비용 센서, 드론 방향 제공 가능	· 300m 이상 범위에서 신뢰할 수 없음 · 시끄러운 환경에서 잘 작동하지 않음 · 다수 드론 감지 한계 · 추적 기능 없음. 풍향, 온도, 시계 등 영향을 받음

©'Defending Airports from UAS:A survey on Cyber-Attacks and Counter-Drone Sensing Technologies', Georgia Lykou 외 2명(2020)

레이더는 대부분 360° 범위 내 모든 비행 드론을 감지한다. 레이더는 저속 비행과 고도의 작은 신호인 소형 드론을 포함하여 최대 100㎞ 장거리 표적을 1차적으로 탐지할 수 있으며, 200개 이상 표적에 대한 방위각, 고도(최대 60° 이상) 및 속도 측정이 동시에 가능하다. 또 높은 해상도와 80% 이상의 표적 탐지, 다수 표적을 동시에 탐지하는 것이 가능하고, 자율 비행에 관계없이 대부분의 드론 유형은 추적이 된다. 그러나 건물과 건물 사이에 빔이 차단되는 경우에는 제한이 될 수도 있다. 레이더는 한 방향만 탐지할 수 있기 때문에 낮은 고도에서나 느리게 이동하거나 하버링하는 드론은 탐지하기가 쉽지 않다. 또 주야, 흐린 날씨 등 시각적 조건에 무관하게 탐지가 가능하지만, 유사한 모양의 새, 구름 등에 대해 오탐지 가능성도 있다. 그래서 숙련된 레이더 운영자에 대한 의존도가 높으며, 획득 및 설치에 많은 비용이 들고 국가중요시설이 인파의 왕래가 많은 도심지에 위치할 경우 24시간 레이더의 빔을 방사해야 하는 부담도 있다. 레이더 못지않게 안티드론에서 많이 운용되고 있는 RF 스캐너 방식은 중거리에서 탐지가 되며 레이더보다 설치 비용이 저렴하다. 대부분 드론의 재질과 형태가 레이더 반사 면적을 크게 감소시켜 RCS(Radar Cross Section 레이더 반사 면적) $0.01㎡$ 이하의 수준을 요구하여 탐지하기에 어려움이 있지만, 대부분 드론이 이륙 간에는 주파수를 사용하기 때문에 이를 탐지할 수 있는 RF 스캐너 기술은 언제든지 활용이 가능하다. 따라서 높은 정확도로 탐지할 수 있으며 드론이 이륙하기 전에 켜져 있을 경우에는 조기 경보도 가능하다. 그러나 자율 비행 드론에 대해서는 감지가 불가능하고 공격자에 의한 해킹 우려도 있다. 동시에 다수 표적 탐지가 어렵고 100m 이내 거리에서는 효과가 감소한다. 카메라와 같은 시각 장비의 경우 RF 신호는 불필요하며 전기 광학(EO)과 열화상(IR) 카메라로 감지하여 드론을 탐지한다. IR 센서로 드론과 새를 구분할 수는 있지만 전기 광학(EO) 카메라로 새, 또는 유사한 모양의 소형 드론을 혼동할 수 있다. 시각적 장비를 운영하는 경우에는 사람의 간섭이나 인공 지능이 필요하며 해상도 기능에 따라 감지가 제한될 수도 있고 다수 표적 탐지에는 제한이 있다. 음향 장비는 승인된 드론과 미승인된 드론을 구분할 수는 있으나, 300m 이상 거리에서는 신뢰하기가 어렵고, 시끄러운 환경에서는 잘 작동하지 않는다. 또 다수 표적 감지에도 한계가 있다.

구분	무게(kg)	정상작동 고도(m)	임무 반경(km)	지속 시간(h)
마이크로 (Micro)	〈 2	〈 140	5	〈 1
미니(Mini)	2-25	〈 1000	25	2-8
소형(Small)	25-150	〈 1700	50	4-12
중형 (Midium)	150-600	〈 3300	200-500	8-20
대형(Large)/ 전술(Tactical)	〉600	〉3300	1000	〉20

©상계서, Georgia Lykou 외 2명(2020)

이런 탐지 장비들의 특성을 바탕으로 탐지 시스템의 주요 기능 요소들을 선정했다. 드론 기술이 날로 개선되면서 드론의 크기도 더 소형화되어 가고 있다. 이제는 마이크로(초소형) 드론까지도 탐지할 수 있는 기술이 필요하다. 갈수록 소형화되어 가고 있는 드론을 대상으로 '소형 표적의 탐지'는 필수이다. 도표에서 제시한 것은 드론을 무게, 정상 작동 고도, 임무 반경 등에 의해 분류한 외국의 자료인데 참고할 필요가 있다. 국회의사당과 같은 밀집된 도시 건물에서는 초소형 드론의 특성을 고려하여 매우 낮은 고도에서 테러 행위를 감행하려는 경우에도 탐지가 가능해야 한다. 건물 사이 좁고 낮은 공간에서도 식별할 수 있는 능력이 필요하다. 레이더나 RF 스캐너, 시각 장비 등으로 테러 행위를 하려는 '저고도 드론을 탐지'할 수 있어야 한다. 또 목표물에 접근하여 테러를 감행하기 위해서는 우선 공중의 제자리에서 하우링을 한다든지 테러 행위를 하기 위해 속도를 급격하게 줄이는 드론을 대상으로 '최저 속도로 운행 중인 드론을 탐지'할 수 있는 능력도 필요하다. 제자리에서 하우링을 하고 있는 상태에서는 움직임이 약하기 때문에 이를 탐지할 수 있는 기술은 쉽지 않다.

또 사우디아라비아에 등장한 10여 대의 군집 드론 테러와 같이 '다수 드론에 의한 테러도 동시에 탐지'할 수 있는 기능이 필요하다. 현재 레이더를 제외하고 사실상 동시에 다수 표적을 탐지하기가 어려운 실정이다. 다수 드론이 몇 개조로 나누어 테러 행위를 한다면 이를 동시에 탐지해낼 수 있어야 한다. 그리고 밀집된 건물이 주변에

즐비해 있으면 자칫 전 방향에서 탐지가 어려울 수 있다. 침투가 예상되는 지점마다 여러 대의 레이더를 운용하는 등의 방법 등을 통해 기본적으로 안티드론 시스템에서는 '전 방향 탐지'도 가능해야 한다. 특히 다수 표적(군집 드론)이 동시에 출현했을 경우에 360도 전 방향 탐지는 매우 중요한 기능이라고 보아야 한다.

식별 시스템도 탐지와 동시에 중첩해서 이루어지는 과정이지만 우선 장거리에서 식별할 수 있으면 최대한 장거리에서부터 이루어져야 한다. 그렇게 하기 위해서는 통상적으로 레이더를 운용해야 한다. 그만큼 대응할 수 있는 충분한 시간을 확보할 수 있다. 국가중요시설의 위치에 따라 다를 수는 있지만, 도심지가 아니라면 충분히 '장거리에서 기동하는 드론이 불법 드론인지 여부를 식별'할 수 있어야 한다. 현재까지 일반적으로 카메라 센서가 감지하는 성능은 비행기는 통상적으로 최대 20㎞, 드론은 최대 3~10㎞ 범위 정도이다. EO/IR 기술은 최대 5㎞ 범위에 있는 드론도 감지할 수 있다. 또 테러를 감행하려는 의심 드론이 '폭발물 탑재 여부를 식별'할 수 있는 기술도 중요하다. 총기류와 폭발물이 탑재되어 있다면 신속하게 이를 식별하여 통제 본부로 통보해야 한다. 총기류가 부착되어 사격할 수 있는 상태인지 여부를 식별해낼 수 있는 기능이 있어야 하겠다. 그리고 '다수 드론을 동시에 식별'할 수 있는 능력도 중요하다고 보았다. 합법적으로 승인된 드론과 승인되지 못한 불법 드론이 혼재되어 있는 상황에서 이를 신속하게 식별해내는 능력이 매우 중요하다. 예를 들면, 국가중요시설에서 중요 행사를 할 경우에 승인된 드론 이외 다른 불법 드론이 활동한다면 이를 즉각 식별할 수 있는 능력도 중요하다.

차단 시스템은 GPS 자동 항법 장치에 의한 드론의 경우는 제외하고 대부분 주파수를 사용할 수밖에 없기 때문에 '소프트킬 능력'이 필수이며, 직접적으로 파괴할 수 있는 '하드킬 능력' 기능도 중요하다. 여기에는 레이저, 드론건, 그물 등의 포획 장비를 포함한다. 현재 전 세계적으로 개발되고 있는 차단 장비는 일반적으로 소형 드론에 대해 최대 4㎞, 최대 고도 4㎞ 범위 정도에서 하드킬 장비로 차단이 가능한 것으로 볼 수 있다. 국가중요시설 경비 업무를 담당하는 청원 경찰 및 특수 경비원, 군은 무기를 휴대하고 방호 업무를 할 수 있다. 드론 테러에 적극적으로 대응하기 위해서는 관련 특수 경비(경비업법), 청원 경찰(청원경찰법), 통합방위법 일부 법 조항에서 일부 보완이 필요한 부분도 있을 것이다. 현재 대테러 업무와 관련된 관계 기관에서 이를 위해 계속 규정 개정의 노력을 하고 있다. 또 탐지와 식별 단계와 마찬가지 차단 단계에서도 '다수 표적 동시 차단'을 할 수 있는 기능도 필요하다고 보았다.

이렇게 설정된 11개 주요 세부 요인들에 대해 '계층 분석(AHP)' 기법을 적용하여 가중치를 부여해서 이들 요인의 우선순위를 결정해 보면 어느 기능들이 우선적으로 중요한지를 알 수 있을 것이다. 이런 결과를 바탕으로 대안을 마련하여 우선순위를 따져 봄으로써 국가중요시설 안티드론 시스템 구축에 대한 일종의 기준을 설정하고

자 하였다. 안티드론 시스템 관련 이 분야 전문가 그룹을 대상으로 설문 조사를 했다. 우선 대안을 위한 목표를 'Anti-drone 시스템 구축 기준 설정'으로 했다. 다음 단계로 안티드론 시스템을 구성하는 탐지, 식별, 차단에 대해 계층별로 의사 결정 문제에 대한 효과적인 구조 설계를 하였다. 이후 설문을 통해 계층별로 평가 항목별 쌍대 비교를 하고, 또 평가 항목들 기준으로 각 대안들 간 쌍대 비교를 하였다. 다음으로 평가 항목별 가중치를 구하고, 신뢰도 평가를 통해 전체적인 관점에서 대안들이 최고 상위의 목표를 달성하는 데 기여하는 바를 평가하였다.

AHP 기법은 상위 수준과 하위 수준을 계층 구조화함으로써 각 요인들의 비교 평가를 쉽게 하고, 요인의 가중치를 합리적으로 도출할 수 있게 한다. 따라서 본 연구에서도 AHP 계층 구조는 요인 분석만을 위한 별도의 설문 조사는 필요하지 않겠다는 분석 전문가 집단의 의견을 수렴하여 전문가들의 의견과 문헌 조사, 드론 전시장 및 안티드론 시연 현장 방문 등을 통해 얻은 결과를 반영하여 앞에서 설명한 바와 같이 계층 구조를 이루는 평가 요소를 다음과 같이 선정하였다.

AHP 기법에 있어서 쌍대 비교는 1995년 Miller의 실험에 의하면 인간의 두뇌가 단기간 담아둘 수 있는 비교 대상 개수가 7±2가 가장 적합하다(권오정, 2018)는 연구 결과를 고려해 볼 때, 여기에서 제시하는 세부 영향 요인 개수로 비교 대상을 구성하여 쌍대 비교를 하는 것은 적절한 것으로 판단된다.

평가 요소		평가 요소 선정 이유
탐지		안티드론 시스템을 구성하는 기본 요소
식별		
차단		
탐지	최저 속도 탐지	드론 테러를 위한 느린 속도, 하버링 속도 탐지
	저고도 탐지	저고도에서 공격 대비 탐지
	소형 표적 탐지	마이크로(초소형) 드론 대상까지도 탐지
	다수 표적 동시 탐지	군집 드론 공격에 대비 탐지
	전 방향 탐지	일방향이 아닌 전 방향 공격에도 대비
식별	장거리 표적 식별	장거리 침투해 오는 드론 사전 식별 필요
	폭발물 탑재 식별	드론내 폭발물 탑재 여부도 식별 가능 필요
	다수 표적 동시 식별	군집 드론 공격에 대비 식별 필요
차단	소프트킬 능력	재밍, 스푸핑 등으로 차단할 수 있는 능력
	하드킬 능력	드론건 등 직접 파괴시킬 능력
	다수 표적 동시 차단	군집 드론 공격에 대비 차단 필요

　　국가중요시설에 안티드론 시스템을 구축하기 위한 기준을 설정하고, 기준을 충족할 수 있는 장비로 구성될 대안은 세 가지 형태로 제시하였다. 대안에서는 패시브 방식의 탐지 및 식별 요소와 소프트킬 능력은 공통으로 포함하고 기타 추가 요소에 의해 차별하였다.[5]

....

5 3개 대안을 High-end형, Standard형, Basic형으로 분류한 것은 국내외 문헌들을 검토한 결과 저자의 판단으로 설정하였음.

대안 1(High-end형)	대안 2(Standard형)	대안 3(Basic형)
액티브(레이더)+패시브(RF, 카메라 등)	액티브(레이더)+패시브(RF, 카메라 등)	패시브(RF, 카메라 등)
소프트킬 능력(재밍 등) + 하드킬 능력 (레이저 등)	소프트킬 능력 (재밍 등)	소프트킬 능력 (재밍 등)

　세부 영향 요인을 고려하여 설정된 대안은 레이더의 액티브 방식과 RF, 카메라 등의 패시브 방식의 탐지 및 식별 시스템과 지오펜싱, 재밍, 스푸핑 등의 소프트킬 능력과 레이저 등(총기류, 포획 장비)의 하드킬 능력의 차단 시스템으로 구성하였다. 대안들은 현재 국내외에서 운영되고 있는 장비를 중심으로 설정하였다. 대안1은 액티브와 패시브를 포함한 복합 방식의 탐지 및 식별 시스템과 소프트킬(Softkill) 및 하드킬(Hardkill) 방식의 차단 시스템으로 구성되어 있는 High-end형으로 가장 강력한 형태이다. 대안2도 복합 방식의 탐지 및 식별 시스템과 소프트킬(Softkill) 방식으로 구성된 Standard형으로 3개 대안 가운데 중간급이다. 대안3은 패시브 방식과 소프트킬(Softkill) 방식이 결합한 Basic형으로 합리적인 대안이다. 이 대안 가운데에서 액티브 방식만의 탐지 및 식별 방식으로 하는 대안을 배제한 것은 현재 전 세계적으로 운용되고 있는 탐지 분야가 대부분 복합 방식이거나 패시브 방식을 이용하고 있어서 실용적으로 판단했다. 세 가지 대안의 특징은 다음에서 보는 바와 같다.

구분	대안 1(High-end형)	대안2(Standard형)	대안3(Basic형)
특징	현존 가용 장비를 최대 구비하여 가장 적극적인 시스템이나, 비용 과다, 운용 인력 추가 발생	하드킬 방식 장비를 제외하여 대안1에 비해 추가 운용 인력 소요 낮음	대안1, 2에 비해 효과는 다소 낮으나 합리적인 비용과 효율성 유지

계층 분석(AHP)을 활용한 본 연구의 계층 구조는 다음의 그림과 같다. 계층1은 '안티드론 시스템의 구축 기준 설정'을 목표로, 계층2는 안티드론 시스템을 형성하는 3개 주요 영향 요인, 즉 탐지 시스템, 식별 시스템, 차단 시스템으로 설정하였다.

계층3은 각 주요 영향 요인별로 3~4개의 세부 영향 요인으로 구분하였다. 계층4는 현존하는 안티드론 시스템의 장비를 근거로 국가중요시설에 어떻게 구축하는 것이 최적화 기준 설정에 적합할 것인가에 중점을 두고 3개의 대안에 대해 서로 쌍대 비교를 통해 가중치를 부여하도록 구분하였다.

AHP 계층 구조를 이용하여 분류된 주요 영향 요인(계층2)이 세부 영향 요인(계층3)과 대안(계층4)의 가중치를 구하기 위해 실시한 전문가 설문 대상은 국가중요시설 방호 관련 실무자, 드론업체 관계자, 군 드론 관계 부서원 등 3개 집단으로 하였다. 분석 전문 기관의 의견을 반영하여 집단별 10명씩 30명에게 설문을 의뢰하여 분석하였다.

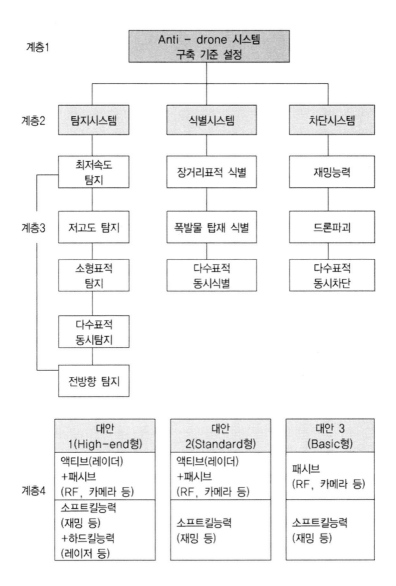

계층1	Anti - drone 시스템 구축 기준 설정		
계층2	탐지시스템	식별시스템	차단시스템
계층3	최저속도 탐지	장거리표적 식별	재밍능력
	저고도 탐지	폭발물 탑재 식별	드론파괴
	소형표적 탐지	다수표적 동시식별	다수표적 동시차단
	다수표적 동시탐지		
	전방향 탐지		
계층4	대안 1(High-end형) 액티브(레이더) +패시브 (RF, 카메라 등) 소프트킬능력 (재밍 등) +하드킬능력 (레이저 등)	대안 2(Standard형) 액티브(레이더) +패시브 (RF, 카메라 등) 소프트킬능력 (재밍 등)	대안 3 (Basic형) 패시브 (RF, 카메라 등) 소프트킬능력 (재밍 등)

본 설문은 설문의 이해도를 확인하고 오류를 인식시키기 위해 설문지 양식에 상세한 안내를 하여 설문지의 완성도와 이해도를 확인한 후 진행하였다. 설문 방법은 직간접 방문으로 실시하였으며, 재설문을 포함한 전체 설문은 약 3주가 소요되었다. 집단별 설문을 종합한 후 일관성 검증과 분석은 분석 전문 기관과 협조하여 AHP 전문분석 및 과학적 의사 결정 프로그램인 Make It(버전 1.1.6)을 활용하였다. 일관성 비율(CR)은 설문이 합리적인 일관성을 갖는 것으로 판단하는 수준인 0.1 이하를 적용하였으며, 일관성 비율이 0.1을 초과한 경우에는 일관성이 결여된 것으로 판단하여 재설문을 통해 일관성 검증 범위 내에 도달하도록 유도하였다.

집단	집단1 (국가중요시설 관계자)	집단2 (군 관계 부서)	집단3 (드론 업체 관계자)	계
설문 인원(명)/ 비일관자(명)	10/7 (70%)	10/9 (90%)	10/9 (90%)	30/25 (83%)
설문 문항(개)/ 비일관 문항 (개)	150/25 (16%)	150/24 (16%)	150/27 (18%)	450/76 (17%)

최초 1차 설문 결과는 총 30명 중 25명이 총 450문항(30명×15문항) 중 76문항(17%)에 대하여 비일관성으로 응답하였다. 비일관성 응답은 교육 후 재설문으로 비일관성 응답 문항 76개에 대하여 수정 후에 가중치를 재산정하였다. 2차 재실시한 결과 모두 0.1 범위 내로 들어왔기 때문에 일관성이 있는 것으로 산정하였다.

■ 시스템 영향 요인(계층2)

AHP 설문 분석은 먼저 3개 주요 영향 요인(탐지, 식별, 차단)에 대한 평가 결과를 분석한 다음, 각 영향 요인에 포함된 11개 세부 영향 요인별로 각각 분석하였다. 11개 세부 영향 요인의 가중치와 우선순위는 주요 영향 요인(계층2)과 세부 영향 요인(계층3)의 평가 결과를 종합하여 분석하였다. 설문 결과 평가 지표에 대한 쌍대 비교 값은 평균값을 적용하였다. 가중치 산정은 계층별로 가중치 합이 1이 되도록 하였다. 집단별 평가 결과와 종합된 평가 결과를 모두 제시하여 집단별로 중요하게 생각하는 영향 요인이 구별되도록 하였다. 계층의 주요 평가 지표의 가중치는 전문가 설문을 통해 탐지, 식별, 차단에 대해 각각 쌍대 비교 결과를 반영하여 가중치를 산정하였다. 산정된 가중치는 일관성을 검증하여 유효한 것만 종합하여 산술적 평균값으로 선정하였다.

계층2의 분석 결과 가중치는 보는 바와 같이 탐지(0.4706)가 가장 높고 식별보다 2.4배, 차단보다 1.4배이며, 차단(0.3267)은 식별(0.2027)보다 약 1.6배 높다. 탐지(0.4706)가 가장 높은 것은 안티드론 시스템에 있어서 우선 탐지를 해야 식별과 이후 차단 행위가 이루어진다는 의미에서 가장 중요하게 판단한 것이며, 이것은 실상황의 운용 개념에도 부합된다.

계층 1		계층 2			순위
안티드론 시스템 구축 기준 설정	1.0	탐지 시스템	0.4706	식별의 2.4배 차단의 1.4배	1
		식별 시스템	0.2027	–	3
		차단 시스템	0.3267	탐지의 0.7배	2

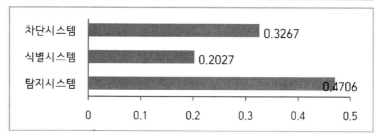

차단(0.3267)이 높은 점은 탐지 이후 신속한 대응의 필요성을 반영한 것으로 판단되고, 식별(0.2027)이 상대적으로 낮은 점은 탐지 시스템과 거의 동시에 진행되면서 국가중요시설 위치는 이미 비행 금지 구역으로 설정되어 있어서 승인되지 않은 불법 드론은 바로 차단 조치를 해야 하기 때문에 상대적으로 미약하게 판단한 것으로 분석된다.

주요 영향 요인에 대한 집단별 평가 결과도 보는 바와 같이 3개 집단 모두 탐지 〉 차단 〉 식별순으로 중요도를 평가했다. 탐지 시스템과 식별 시스템에 대하여 군 관계 부서가 타 집단보다 상대적으로 더 중요한 영향 요인으로 보는 반면, 드론업계 관계자는 차단 시스템을 상대적으로 높이 평가하고 있음을 알 수 있다. 각 집단은 공통적으로 국가중요시설에서 안티드론 시스템을 구비하는 데 있어서 우선 가장 중요한 요소를 탐지 시스템으로 평가하고 있음을 알 수 있다.

구분	집단1 (국가중요시설 관계자)		집단2 (군 관계 부서)		집단3 (드론업체 관계자)	
	결과	순위	결과	순위	결과	순위
탐지 시스템	0.5033	1	0.5103	1	0.4388	1
식별 시스템	0.1638	3	0.2256	3	0.2058	3
차단 시스템	0.3329	2	0.2640	2	0.3554	2

드론 공격에 대한 사실을 먼저 탐지해야 하며, 장거리 표적인지 폭발물을 탑재했는지 다수 표적을 동시에 식별할 수 있는 식별 시스템도 중요하지만, 소프트킬과 하드킬 능력, 다수 드론을 동시에 제어할 수 있는 차단 시스템을 탐지 시스템 다음으로 중요하게 생각하고 있음을 알 수 있다. 특히 직접 국가중요시설을 담당하고 있는 관계자들도 탐지 및 차단 시스템의 요소를 중요하게 평가하고 있음을 주목할 필요가 있다. 국가중요시설을 직접 관리하고 있는 입장에서는 앞서 언급한 바와 같이 현재 국가중요시설에는 법적으로 드론 출현 자체가 통제되어 있는 비행 금지 구역이기 때문에 식별에 큰 의미가 있는 것이 아니라 탐지가 되면 즉각 차단해야 한다는 의미가 있다. 하지만 사전에 승인 여부가 신속하게 식별되어야 차단 여부를 결정할 수 있다는 사실도 간과해서는 안 될 것이다. 설문 결과에서는 국가중요시설에 출현한 불법 드론에 대해서는 식별보다는 차단 활동이 더 의미 있다고 판단한 것으로 볼 수 있다.

■ 시스템 영향 요인(계층3)

계층2에 해당하는 3개 주요 영향 요인에 각각 포함된 세부 영향 요인(계층3)의 상대적 가중치도 Make It 프로그램을 이용하여 분석하였으며, 각 세부 영향 요인별 상대적 가중치는 다음과 같다.

■ 탐지 시스템

가장 가중치가 높게 평가된 탐지 시스템 영향 요인에는 5개의 세부 영향 요인이 포함되어 있다. 평가 결과는 보는 바와 같이 소형 표적 탐지를 가장 중요한 요인으로 보았으며, 다수 표적 동시 탐지 〉전 방향 탐지 〉저고도 탐지 〉최저 속도 탐지순이다.

구분	종합		집단1 (국가중요시설 관계자)		집단2 (군 관계부서)		집단3 (드론업체 관계자)	
	결과	순위	결과	순위	결과	순위	결과	순위
최저속도 탐지	0.1498	5	0.1768	4	0.0882	5	0.2051	3
저고도 탐지	0.1746	4	0.1924	3	0.1453	4	0.1794	5
소형표적 탐지	0.2500	1	0.2285	2	0.3332	1	0.1952	4
다수표적 동시탐지	0.2305	2	0.2477	1	0.2232	2	0.2080	2
전방향 탐지	0.1952	3	0.1546	5	0.2101	3	0.2123	1

집단별 가중치 분석 결과 국가중요시설 관계자들은 다수 표적 동시 탐지를 가장 중요하게 평가하였고, 군 관계자는 소형 표적 탐지를, 드론업체 관계자들은 전 방향 360° 탐지를 중요하게 평가하였다. 드론업체 관계자들은 아래 사진에서 보는 것과 같이 레이더 장비의 위치와 수량에 따라 탐지 사각지대가 발생할 수 있기 때문에 지형에 따라 전 방향 360°를 탐지할 수 있는 능력이 중요하다고 평가한 것으로 분석된다. 우선순위가 가장 낮은 최저 속도 탐지는 드론이 목표물에 대해 공격하게 될 경우, 공중에서 공격 속도를 낮추는 하버링 순간의 최저 속도를 탐지하는 기능이다. 이 속도를 탐지하는 것이 매우 어려운 기술로 드론업체 관계자들은 판단하고 있어서 나름대로 중요하게 평가한 것으로 보인다. 또 3개 집단 모두 동일하게 국가중요시설에 접근해오는 다수 표적을 동시에 탐지하는 것을 높게 평가한 점에도 주목할 필요가 있다.

현행 기술로 레이더는 다수 표적을 동시에 탐지하는 것이 가능하지만, 시각 장비, 음향 장비나 RF 스캐너로서는 일부 제한이 있을 수 있다. 그러나 최근에 RF 스캐너는 다수 표적을 탐지할 수 있는 기술을 계속 개발하고 있는 추세이다.

Blighter A402 Radar - 90°
1x Main Radar Unit

Blighter A422 Radar - 180°
1x Main Radar Unit
1x Auxiliary Radar Unit

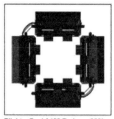

Blighter Dual A422 Radars - 360°
2x Main Radar Unit
2x Auxiliary Radar Unit

Optional Blighter Radar Tilting System (BRTS)

©Blighter.com

■ 식별 시스템

식별 시스템은 3개 주요 영향 요인 가중치 평가에서 상대적으로 낮은 수준으로 평가된 요소이다. 이 가운데에서는 다수 표적 동시 식별이 가장 높고 폭발물 탑재 식별 〉 장거리 표적 식별순으로 평가되었다. 집단별 가중치 분석 결과는 공통으로 똑같이 나타났다. 특히 국가중요시설을 직접 관리하는 관계자의 경우에는 다수 표적 동시 식별에 대한 중요도가 상대적으로 가장 높았으며, 장거리 표적 식별은 낮게 나타났다. 군집 드론이 동시에 테러 행위를 가해올 때 매우 위협적이며, 미승인된 불법 드론에 대해서는 탐지 즉시 차단해야 할 위협으로 평가하기 때문으로 판단된다. 비행 금지 구역에서는 미확인 드론을 확인하게 되면 즉각 제압 혹은 차단하면 되지만, 비행 금지 구역에서도 국방부, 국토부 등 허가권자의 승인이 있을 경우에는 비행이 가능하기 때문에 적법한 드론과 불법 드론을 식별하여 선별적으로 제압할 수 있는 식별 기술이 필요하다. 장거리에서부터 국가중요시설 내로 진입해오는 드론에 대해 불법 드론인지 여부를 식별하고 폭발물을 탑재했는지 여부를 짧은 시간 내 식별해내는 능력과 다수 표적 가운데서 동시에 식별해내는 능력이 현실적으로는 매우 어렵다. 그러나 향후 반드시 필요한 기술이기도 하다.

구분	종합		집단1 (국가중요시설 관계자)		집단2 (군 관계 부서)		집단3 (드론업체 관계자)	
	결과	순위	결과	순위	결과	순위	결과	순위
장거리 표적 식별	0.2283	3	0.1679	3	0.2224	3	0.3092	3
폭발물 탑재 식별	0.3643	2	0.3713	2	0.3798	2	0.3327	2
다수 표적 동시 식별	0.4074	1	0.4608	1	0.3978	1	0.3580	1

　　현재는 드론을 작동하기 전에 미리 비행 승인 및 항공 촬영 허가 권자가 통제 요원을 배치하여 해당 드론을 확인하고 있지만, 급격히 증가하는 드론에 대한 대응이 현실적으로 어려운 부분이 있으며, 상용 드론의 경우 동일 제품인 경우가 많아 육안으로는 구별도 어려운 실정이다. 미국 및 중국에서는 드론의 무게가 250g 이상인 경우 등록하고 있으나 이 같은 등록 제도 도입만으로는 실제 운항 중인 드론을 즉시 식별하기에는 곤란하다. 향후 자동차 번호판처럼 드론마다 고유 식별 번호를 부여하거나 부착 의무를 부과하여 고유 식별 번호나 표시등이 없으면 즉각 제압하는 법과 제도 보완도 고려해볼 수 있겠다. 또 드론이 폭발물을 탑재하였는지를 확인할 수 있는 기술 능력은 계속 보완해나가야 할 과제이다. 집단별 설문 조사 결과 공통으로 다수 표적을 동시에 식별하는 능력이 중요하다고 평가한 것은 다수 표적을 동시에 탐지하여도 동시에 차단하기 위해서는 동

시에 식별하는 능력이 중요함을 인지하고 있다는 것이다. 현행 기술로 동시에 불법 드론을 식별하기가 쉽지 않기 때문에 여러 대의 카메라를 활용하여 사각지대가 발생하지 않도록 하는 등의 대책이 필요할 것이다. 향후 식별 시스템과 관련하여 기술 개발을 통해 더욱 보완해야 할 분야이다.

■ 차단 시스템

차단 시스템에서는 재밍 등의 소프트킬(Softkill) 방식과 드론건 등의 하드킬(Hardkill) 방식 못지않게 다수 표적 공격에 따른 동시 차단을 가장 중요하게 평가하는 것으로 나타났다. 또 국가중요시설에 테러 행위를 하는 소규모의 드론에 대응하기 위해서는 2차 피해가 우려될 수 있는 드론 파괴보다는 우선 소프트킬 능력을 중요하게 평가하였다. 즉 소프트킬 위주로 무력화를 시키되 다수의 드론이 공격하더라도 동시에 차단해야 한다고 인식하는 것이다.

구분	종합		집단1 (국가중요시설 관계자)		집단2 (군 관계 부서)		집단3 (드론업체 관계자)	
	결과	순위	결과	순위	결과	순위	결과	순위
소프트킬 능력	0.3427	2	0.3755	1	0.2955	2	0.3453	1
하드킬 능력	0.2659	3	0.2589	3	0.2002	3	0.3453	1
다수 표적 동시 차단	0.3913	1	0.3655	2	0.5043	1	0.3094	3

집단별 가중치 분석 결과를 보면 국가중요시설 및 군 관계자들은 소프트킬 능력과 다수 표적 동시 차단을 중요하게 판단한 반면, 드론을 직접 제작하거나 판매하는 드론업체 관계자들은 소프트킬 능력과 하드킬 능력을 동시에 중요하게 평가하고 있다. 일부 해외 안티드론 시스템 회사에서는 하드킬(Hardkill) 방식 없이 소프트킬(Softkill) 방식만으로도 일반적으로 드론 테러를 차단할 수 있다고 홍보하고 있는 점도 영향을 미친 듯하다.

세부 영향 요인의 종합 가중치 순위					
계층1	계층2(A)	계층3		종합 가중치 (A×B)	순위
		평가 지표	가중치 (B)		
안티 드론 시스템 구축 기준 설정	탐지 시스템 0.470	최저 속도 탐지	0.126	0.059	10
		저고도 탐지	0.186	0.088	7
		소형 표적 탐지	0.245	0.115	2
		다수 표적 동시 탐지	0.241	0.113	3
		전 방향 탐지	0.198	0.093	5
	식별 시스템 0.202	장거리 표적 식별	0.230	0.046	11
		폭발물 탑재 식별	0.354	0.071	9
		다수 표적 동시 식별	0.414	0.084	8
	차단 시스템 0.326	소프트킬 능력	0.323	0.105	4
		하드킬 능력	0.280	0.091	6
		다수 표적 동시 차단	0.396	0.129	1

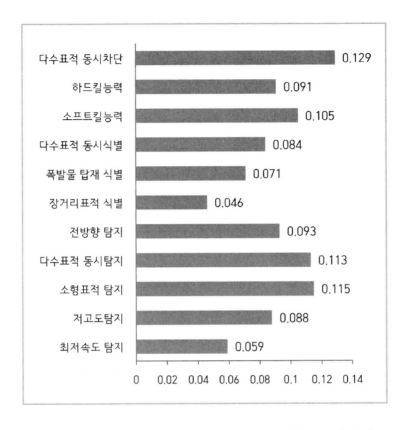

다수표적 동시차단　0.129
하드킬능력　0.091
소프트킬능력　0.105
다수표적 동시식별　0.084
폭발물 탑재 식별　0.071
장거리표적 식별　0.046
전방향 탐지　0.093
다수표적 동시탐지　0.113
소형표적 탐지　0.115
저고도탐지　0.088
최저속도 탐지　0.059

0　0.02　0.04　0.06　0.08　0.1　0.12　0.14

안티드론 시스템 최적화 기준 설정에 영향을 미치는 요인의 가중치는 주요 영향 요인(계층2)과 세부 영향 요인(계층3)의 가중치를 각각 곱하여 산출한 후 우선순위를 결정한다. 이들의 가중치 산정은 먼저 계층2 주요 요소별 하위 요소 간의 쌍대 비교 값을 반영하여 가중치를 산정하였다. 계층3 요소는 계층2와 동일한 방법으로 가중치를 산정하였다. 가중치 종합은 총합이 1이 되도록 계층2 요소의 가중치와 계층3 요소의 계층2 영역별로 산출된 가중치를 곱하여 산정하였다 산정된 가중치 현황은 차단 시스템 중 '다수 표적 동시 차단'의 종합 가중치(0.129)가 가장 높게 나타났다. 이것은 국가중요시설에 테러를 가하는 드론에 대하여 탐지 시스템의 소형 표적 탐지, 다수 표적 동시 탐지, 전 방향 탐지 등이 중요하고, 다수 표적을 동시에 식별하여 탐지한 이후에는 소프트킬 능력을 우선으로 군집 드론 공격을 동시에 차단하는 것을 중요하게 인식하고 있음을 알 수 있다. 사우디아라비아 국영 석유 회사를 공격했던 군집 드론에 주목하여 한두 대 소량에 의한 드론 테러보다는 군집을 형성하여 동시에 여러 대로 공격하는 것이 더 위력이 크기 때문에 그 위협에 대비해야 한다고 분석된다. 다수 표적(군집 드론) 공격 시에는 360도 전 방향에서 표적 탐지하는 것 또한 중요하게 인식되었다고 볼 수 있다. 다수 표적 동시 차단에 이어 소형 표적 탐지 〉 다수 표적 동시 탐지 〉 차단 시스템의 소프트킬 능력 〉 전 방향 탐지순으로 나타났다. 또한 상대적으로 가중치가 낮은 세부 영향 요인은 폭발물 탑재 식별 〉 최저 속도 탐지 〉 장거리 표적 식별순으로 대체로 식별 시스템에 해당하는 세부 영향 요인들이었다.

- ■ 세부 영향 요인의 집단별 종합 가중치 순위

세부 영향 요인의 집단별 종합 가중치 순위에서도 전반적으로 탐지 및 차단 시스템 요소들을 높게 평가하였다.

구분		집단1 (국가중요시설 관계자)		집단2 (군 관계 부서)		집단3 (드론업체 관계자)	
		결과	순위	결과	순위	결과	순위
탐지	최저 속도 탐지	0.0890	6	0.0450	11	0.0900	6
	저고도 탐지	0.0968	5	0.0741	8	0.0787	8
	소형 표적 탐지	0.1150	4	0.1701	1	0.0856	7
	다수 표적 동시 탐지	0.1247	2	0.1139	3	0.0913	5
	전 방향 탐지	0.0778	8	0.1072	4	0.0932	4
식별	장거리 표적 식별	0.0275	11	0.0502	10	0.0636	11
	폭발물 탑재 식별	0.0608	10	0.0857	6	0.0685	10
	다수 표적 동시 식별	0.0755	9	0.0897	5	0.0737	9
차단	소프트킬 능력	0.1250	1	0.0780	7	0.1227	1
	하드킬 능력	0.0862	7	0.0529	9	0.1227	1
	다수 표적 동시차단	0.1217	3	0.1332	2	0.1100	3

　세부 영향 요인의 종합 가중치 결과와 집단별 종합 가중치 결과는 반드시 일치하지는 않는다. 국가중요시설 관계자들은 차단 시스템의 소프트킬 능력을 가장 높게 평가했고, 전체적으로는 탐지 시스템과 차단 시스템을 중요하게 보았다. 장거리 표적 식별 요소를 가장 낮게 평가하는 등 전체적으로 식별 시스템은 하위 순위였다. 건물 밀집도도 높고 상주 및 출입하는 사람들이 매우 많은 국가중요시설의 경우는 자칫 차단 시스템의 직접적인 하드킬을 운용하기에는 상대적으로 부담스러운 측면이 있을 것으로 보인다. 설문 조사에 응

했던 국가중요시설 관계자들은 소형 드론을 탐지하면 즉각 소프트킬 능력으로 차단시키는 방법을 선호한다는 것을 알 수 있다. 군 관계자들은 최저 속도 탐지 요소만 최하위로 식별하였고, 소형 표적 탐지를 가장 높은 순위로 보았다. 식별하기조차 어려운 초소형 드론 테러에 대해 최우선적으로 탐지하는 것이 중요하다고 인식한 것이다. 그들도 전반적으로 탐지 및 차단 시스템을 높게 평가하였다. 드론업체 관계자들도 특히 차단 시스템을 가장 높게 평가하였다. 소프트킬 및 하드킬 능력 요소에서는 동일한 점수를 보였으며 식별 시스템은 하위 점수인 9~11위를 나타냈다. 종합 가중치 결과와 집단별 가중치를 비교해볼 때 상위층에 공통으로 들어가는 요인이 다수 표적 동시 탐지(2~5위)와 다수 표적 동시 차단(2위~3위) 두 가지 요인이다. 다수 표적 동시 식별도 식별 시스템이 상대적으로 국가중요시설에서는 가중치가 낮은 가운데서도 가장 높은 수치를 보여주었다. 그만큼 다수 표적에 대한 탐지와 식별, 그리고 동시 차단에 대한 중요성을 높게 인지하고 있음을 알 수 있다.

다수 표적(군집 드론)에 대한 대비는 사실상 쉽지 않다. 방위사업청과 국방기술품질원에서 공동 발간한 '국방 군집 로봇 기술 로드맵' 보고서(2020년 10월 발간)에 의하면, 현재 미국 및 중국에서는 GPS 도움 없이 1,000여 대 이상의 소형 고정익 군집 드론으로 감시, 정찰, 기만 및 공격 등을 수행할 수 있는 기술을 개발하고 있다고 한다. 군집 드론에 의한 테러는 매우 위협적인 것은 분명하다. 본 설문 결과에서도 전문가 집단이 다수 표적(군집 드론)의 위협을 두려워하듯이 이 보고서에 따르면 앞으로 10~15년 뒤 미국을 비롯한 중국 유럽 등 드론 선진국에서 지능형 군집 드론이 실용화될 것으로 전망했다. 2016년 미 공군 대학원은 대공 방어 체계에 대한 군집 드론의 공격 효과를 시뮬레이션한 결과, 미군이 100대의 군집 드론으로 러시아 함대를 공격하는 경우를 가정했는데, 군집 드론은 방공 무기 체계보다 더 유리한 것으로 분석되었다고 한다.

©www.shutterstock.com

또 군집 드론에 의해 수천억 원대의 구축함이 피폭되기라도 하면 군집 드론의 비용 대비 효과는 상상을 초월한다고 보고 있다. 군집 드론은 소형(Size; Small), 경량(Weight; Light), 저전력(Power; Low),

저가(Price; Low)의 로봇을 네트워크로 통합한 대규모의 지능형 로봇 시스템이며, 군집을 이루는 생명체 특성을 모방해 중앙 통제 없이 로봇 스스로 협력하여 광역에서 대규모 임무를 빠른 시간에 수행할 수 있는 저비용 고효율 체계이다. 군집 드론은 중앙 통제 없이도 임무를 분산하여 스스로 처리할 수 있는 비중앙집중성(Non-Centralized), 규모를 달리해도 규모에 비례하여 임무를 수행할 수 있는 규모성(Scalable), 일부 드론의 손실이 있더라도 나머지 드론으로 임무를 수행하여 임무의 신뢰성을 유지하는 신뢰성(Robust), 군집 형태를 재조직하고 임무를 재할당하여 다양한 임무를 수행할 수 있고 환경이 달라져도 이에 잘 적응할 수 있는 유연성(Flexible)의 특성을 가지고 있다.(『국방 군집로봇 기술로드맵』, 방위사업청·국방기술품질원, 2020) 미래에는 짧은 시간에 막대한 파괴력으로 무차별적 살상 효과를 보여주는 대량 살상 무기(WMD Weapons of Mass Destruction)와 같이 강력한 공격 수단이 될 수도 있다. 군집 드론은 지상 무기 체계와는 비교할 수 없을 정도로 시야가 넓고 자율성도 뛰어나다. 군집 비행을 위해서는 드론 간 충돌 방지를 위해 정밀한 위치 인식과 제어 기법 등이 필요하며 2017년부터 국방과학연구소에서도 군집 드론에 대한 핵심 기술을 개발하고 있다고 한다. 현재 국외 선진국과 기술 격차는 국방 분야는 3~6년이지만 민간 분야는 1~2년 수준이라고 보고 있다. 5년 후면 무인기 50대로 군집을 이뤄 감시 정찰·통신 중계·폭탄 투하 등의 임무를 수행할 수 있는 수준에 도달할 것으로 전망된다.('유용원의 밀리터리 시크릿', 유용원, 2020)

이러한 군집 드론은 기존 소수의 공격과는 다른 양상을 보이기 때문에 안티드론 시스템이 분산될 뿐만 아니라, 전자전 등 새로운 시스템을 고려해야 하며 또 다른 비용 과다의 문제가 발생할 수도 있다. 일반적인 드론 위협에 대한 대응은 탐지-식별-차단 단계로 하지만 군집 드론의 경우는 전방위(360°)에서 위협이 되기 때문에 새로운 대응책을 강구해야 한다. 차단 장비도 전방위로 대응이 가능하도록 구축되어야 한다.(상게서, 오세진·서일수·김태훈·정진만, 2020) 현재 미 공군에서도 군집 드론의 개발 못지않게 군집 드론의 테러에 대비해야 하는 문제를 심각하게 고민하고 있다.('The National Interest Magazine, Drone swarms: Can the U·S Military Defeat Them in a war?', Kris Osborn, 2020)

■ 대안(계층4)

계층4에 해당하는 각 대안에 상대적 가중치 평가 결과 복합 방식과 하드킬(Hardkill) 방식이 포함된 대안1(50%)이 가장 높게 평가되었으며, 복합 방식과 소프트킬(Softkill) 방식이 포함된 대안2(30%)가 그다음으로 높게 평가를 받았다. 대안3은 패시브 방식과 소프트킬(Softkill) 방식이 포함된 시스템으로 가장 간편한 시스템인데 상대적으로 낮게 평가(20%)되었다. 앞서 세부 영향 요인에서 나타난 바와 같이 다수 표적 탐지와 다수 표적 차단 등을 우선시하는 설문 결과를 볼 때 대안1〉2〉3의 순서는 당연한 결과로 보인다. 또 이런 설문 결과는 세 가지 대안을 국가중요시설의 등급이나 여건, 특성을 고려하여 효과적으로 활용할 수도 있다는 것을 보여준다. 비록 대안3이 설문 결과는 후순위이나, 현재 드론 선진국에서는 RF 스캐너 기반으로 드론 테러에 대응하고 있는 모습을 볼 수 있다. 2018년 벨기에 연방 경찰에서는 NATO 정상회담에서 RF 스캐너 기반의 장비만으로 안티드론 시스템을 구축한 사례도 있었다. 레이더 없이 재밍만으로 불법 드론을 작동하는 운용자를 제어한다든지 스푸핑만으로 불법 드론을 강제로 착륙시키는 등으로 통제하고 있다. NATO 정상회담에서 운영된 안티 드론 장비는 RF 재머를 사용하여 최대 15㎞ 범위 내 드론에 대해 약 3초 만에 탐지하고 식별하여 차단할 수 있다고 한다.(AARTOS Drone-Detection, 2020) 대안3의 방법은 대안1, 2에 비해 상대적으로 설치 비용이 저렴하여 현재 각종 행사장이나 공항 등에서 널리 이용되고 있다. 주변에 있는 방공 부대 레이더를 잘 활용할 수 있는 여건이 되는 국가중요시설의 경우에는 대안3의 방법도 충분히 고려해 볼 만하다.

계층 1		계층 2		순위
안티 드론 시스템 최적화 대안 설정	1.000	대안1	0.4963	1
		대안2	0.3075	2
		대안3	0.1962	3

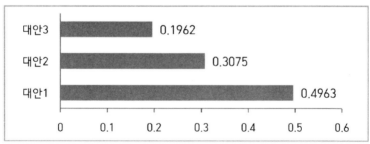

■ 대안에 대한 요소별 가중치 순위

대안1의 High-end형은 다른 대안과 비교하여 레이저 무기를 포함한 적극적인 하드킬(Hardkill) 방식의 차단 시스템을 구비하고 있기 때문에 하드킬 능력 요소를 가장 높은 점수를 부여하였고, 다수 표적 동시 차단 요소에도 차순위로 높은 점수를 주었지만, 상대적으로 소프트킬 능력은 최하위로 평가하였다. 대안2의 Standard형에서는 레이저 무기와 같은 직접적인 하드킬 능력이 없는 상태에서 장거리 표적 등에 대한 식별 능력을 가장 높게 평가하였으며, 탐지 및 식별 요소들이 대체로 좋은 평가를 받았다. 표적을 탐지하는 것은 당연히 중요하다. 그러나 탐지한 표적이 모두 불법 드론인지를 식별하는 것도 중요한 요소로 평가하였다. 대안2 형태의 장비들로서는 장거리에 있어도 위협을 줄 수 있는지를 식별해야 다음 단계인 차단을 할 것인가 여부를 평가할 수 있기 때문이다. 대안3의 Basic형은 RF 센서와 카메라, 지오펜싱 및 재머 등으로만 간편하게 구성된 소프트킬(Softkill) 시스템이다 보니 상대적으로 소프트킬 능력과 소형 표적 탐지 요소가 높게 평가되었다고 볼 수 있다.

본 설문 결과에서 식별 시스템의 요소들이 상대적으로 낮게 평가되었지만 11m/s 속도로 이동하는 드론의 경우 3㎞ 전방에서 최초 탐지를 한다고 해도 식별하여 경보 전파와 타격을 하려면 매우 짧은 시간에 모든 시스템이 거의 자동으로 작동되어야 한다. 향후 드론 기술의 발달로 앞으로는 더 빠른 속도로 국가중요시설에 테러 행위를 할 수 있기 때문에 표적을 탐지·식별하여 경보 전파 후 차단하는 안티드론 시스템을 가동할 충분한 시간이 부족할 수도 있다.

구분	대안1		대안2		대안3	
	결과	순위	결과	순위	결과	순위
최저 속도 탐지	0.4843	3	0.3283	7	0.1875	6
저고도 탐지	0.4830	4	0.3384	2	0.1786	11
소형 표적 탐지	0.4734	9	0.3268	8	0.1998	2
다수 표적 동시 탐지	0.4742	8	0.3284	5	0.1974	5
전 방향 탐지	0.4732	10	0.3284	5	0.1984	3
장거리 표적 식별	0.4814	6	0.3392	1	0.1794	10
폭발물 탑재 식별	0.4783	7	0.3355	3	0.1862	8
다수 표적 동시 식별	0.4821	5	0.3316	4	0.1863	7
소프트킬 능력	0.4568	11	0.3027	9	0.2405	1
하드킬 능력	0.5941	1	0.2260	11	0.1799	9
다수 표적 동시 차단	0.5660	2	0.2364	10	0.1976	4

그래서 대안2 형태에서 평가한 것처럼 단시간 내에 표적을 신속하게 식별하는 능력도 매우 중요한 요소임을 간과하면 안 된다.

이러한 대안들의 특성을 잘 분석하면 국가중요시설별 고유의 특성과 여건을 고려하여 적절한 방식을 선택할 수도 있을 것이다. 대안 1이 비록 상대적으로 가중치가 높지만, 국가중요시설 관리자는 시설의 특성과 여건을 고려하여 선택할 필요가 있다. 중요한 것은 어떤 기준 설정도 없이 장비만을 선택하게 되면 보안 위험에 그대로 노출된 채로 시간과 돈을 낭비할 수 있다는 것이다. 레이더 사용을 중시하는 것은 360도 전 범위를 탐지하겠다는 의미이나, 빠른 추적과 완전 자동으로 드론 여부를 신속하게 식별하는 능력과 여러 혼란스러운 경보를 생성하지 않는 신뢰도 등도 세심하게 살펴보아야 한다.

추가로 대안에서 제시한 기능 가운데 고정형이 아닌 이동형(mobile) 안티드론 장비도 고려해보아야 한다. 국가중요시설 부지가 광범위하여 일부 탐지 가용 요소가 부족하거나 효율적으로 운영할 필요가 있다면 이동형 안티드론 장비를 병행 운영하는 것도 검토해 볼 수 있다. 광정면의 공항 부지라든지 국가 중요 행사장 등 별도의 고정형 안티드론 시스템이 설치되어 있지 않은 공간에서는 이동형 안티드론 장비를 운용할 수도 있다. 지금까지 개발되어 있는 대부분 이동형 장비들은 360° 전 방향에서 통상 2㎞ 정도까지 탐지가 가능하며, 최대 300m 이내에 있는 불법 드론의 비행을 통제할 수 있다. 이들은 통상 자동차 전원이 아닌 보조 전원 공급 장치를 사용한다. 고정형 장비와 보완적으로 운영한다면 훨씬 효과적일 수 있다.

■ 대안의 적용

앞서 언급한 것처럼 국가중요시설은 시설의 기능·역할의 중요성과 가치의 정도에 따라 세 가지 등급으로 분류된다. 안티드론 시스템을 국가중요시설에 구축할 경우에 설문 조사 결과 가중치가 높은 대안1과 같은 방법을 선택하여 등급과 무관하게 동일하게 적용하는 방법도 있을 수 있다. 그러나 소형의 저가 드론을 제압하기 위해 레이더 등 고가의 안티드론 시스템 장비를 설치할 경우에 국가중요시설 관리자는 경제적인 효율성도 함께 고려하여 선택해야 할 것이다. 현재까지 각종 전시회 등을 통해 살펴본 바로는 레이더를 설치하는 액티브 비용이 RF 센스 스캐너를 설치하는 패시브 비용보다 훨씬 많이 소요된다. 추가 장비를 운용하기 위해 더 많은 전문 인력도 필요하며 예산도 그만큼 많이 소요된다. 또 해외 사례에서도 반드시 대안1과 같은 형태만 있는 것은 아니라는 사실도 파악했다. 그리고 설문 결과를 보면 전문가들은 세 가지 대안 중 대안1의 High-end 형에는 50%, 대안2의 Standard형은 30%, 대안3의 Basic형은 20%로 각각 적정 비율로 지지를 하고 있음을 알 수 있었다. 각기 나름대로 의미 있는 대안이라고 평가하고 싶다. 따라서 평가 결과에서 제시한 기술의 성능과 능력의 차이가 있는 세 가지 대안을 현재 국가중요시설의 중요성과 가치의 차이가 있는 등급별로 각각 연계하는 하나의 방법을 다음과 같이 정리해보았다.

구분	국가중요시설 분류 기준 및 유형		대안
'가'급	광범위한 지역의 통합 방위 작전 수행이 요구되고, 국민 생활에 결정적인 영향을 미칠 수 있는 시설	청와대, 국회의사당, 대법원, 정부청사, 원자력 발전소, 공영 라디오·TV 방송 제작 시설, 국제공항 등	대안 1 High-end형
'나'급	일부 지역의 통합 방위 작전 수행이 요구되고, 국민 생활에 중대한 영향을 미칠 수 있는 시설	대검찰청 및 경찰청 청사, 국제 위성지구국, 주요 국내 공항 등	대안 2 Standard형
'다'급	단기간 통합 방위 작전 수행이 요구되고, 국민 생활에 상당한 영향을 미칠 수 있는 시설	중앙 행정기관의 청사, 중요 국공립 기관 등	대안 3 Basic형

청와대, 국회의사당, 대법원, 정부청사 등 광범위한 지역의 통합 방위 작전 수행이 요구되고, 국민 생활에 결정적으로 영향을 미치는 국가중요시설 가급에는 안티드론 시스템이 가장 강력하게 장착되는 대안1의 High-end형으로 구비하는 방안이다. 대검찰청, 경찰청사, 주요 국내 공항 등 일부 지역의 통합 방위 작전 수행이 요구되고, 국민 생활에 중대한 영향을 미칠 수 있는 국가중요시설 나급에는 안티드론 시스템이 강력한 대안2의 Standard형으로 갖추는 방안이다. 중앙 행정 기관의 청사, 중요 국공립 기관 등 단기간 통합 방위 작전 수행이 요구되고, 국민 생활에 상당한 영향을 미칠 수 있는 시설인 국가중요시설 다급에는 일반적인 대안3의 Basic형 안티드론 시스템으로 구축하는 방안이다. 그러나 이 방안은 원칙적인 기준이며 국가중요시설별 그 특성과 여건에 따라 얼마든지 조정이 가능하다. 여러 가지 조정의 사례를 제시해보면 다음과 같다.

- 장비별 성능에 차별을 두어서 대안별로 분류하여 구축하는 방안도 있다. 예를 들면, 대안1의 탐지 기능은 현재까지 시중에 나온 최대 탐지 거리 16㎞를 사용하고, 대안2는 3~16㎞, 대안3의 경우에는 3㎞ 이하로 구축하는 것이다.
- 우선 단계적으로 대안3을 구축하여 운영하다가 예산 확보와 함께 점진적으로 대안2 〉 대안1의 장비를 구축해나가는 방법도 있다. 이 경우에는 새로운 장비가 추가 운영될 때 기존 장비와 기술 연동상 문제가 없어야 한다.

- 대안1 High-end형은 국가중요시설에 가장 강력한 안티드론 시스템이지만 2차 피해가 극히 우려되는 건물 밀집 지역에서는 융통성 있게 운용해야 한다. 그런 경우에는 국가중요시설은 가급이지만 대안2의 형태를 운영할 수도 있다.

대안3의 형태로도 앞선 NATO 회담장 운영 사례에서 보는 바와 같이 패시브 및 소프트킬 성능의 장비 성능이 더 보완되고 발전된다면 여러 가지 용도로 이용할 수도 있을 것이다. 물론 가용한 탐지 자산을 혼합하고 중첩하는 것이 가장 효율적일 수도 있으나, 비용 대 편익의 경제성도 고려해 보아야 한다. 현재는 획득 비용과 전문 인력이 많이 소요되는 레이더 장비와 야간 영상 획득용 열상 장비 등의 비용을 대폭 낮추는 기술이 개발된다면 설문 결과에서 보여준 것처럼 가장 가중치가 높게 나온 대안1을 모든 국가중요시설을 대상으로 무리 없이 선택할 수도 있을 것이다. 국가중요시설 관리자와 관계자들은 앞에서 제시한 연계 방안을 하나의 방안으로 참고하되, 각 시설의 특성과 여건에 부합되도록 적합한 대응 수단을 선택하여 맞춤식으로 운영하면 될 것이다.

지금까지 계층 분석(AHP) 분석을 통해 얻은 결과를 바탕으로 핵심적인 내용을 간추려서 국가중요시설에 안티드론 시스템을 구축해야 하는 관리자와 관계자들의 의사 결정에 참고하기 위해 '안티드론 장비 선정 시 주요 체크 포인트'를 아래와 같이 정리해 보았다.

설문 분석 결과를 최대한 존중하되 유연성을 가지고 시설의 특성과 여건, 획득 비용 등을 고려한 효율적인 방안을 선택해야 할 것이다. 또한 비록 값비싼 안티드론 장비이지만 어떤 국가중요시설은 혼재한 주파수대에서는 장비의 성능이 제대로 나타나지 않을 수도 있다. 현장에서 직접 성능을 확인하여 혼란스러운 경보가 발생되지 않는 신뢰도 높은 장비를 선정해야 하며, 향후 추가적인 기능을 결합하여 운영할 경우에 대비해서 기술적으로도 연동이 가능해야 한다.

국가중요시설 안티드론 시스템 구축을 위한 관리자 체크 포인트

- 식별 시스템보다는 탐지 및 차단 시스템이 우선적으로 중요
- 탐지 시스템은 소형 표적 탐지 〉 다수 표적 동시 탐지 〉 전 방향 탐지 〉 저고도 탐지 〉 최저 속도 탐지순으로 가중치를 두고 확인
- 식별 시스템은 다수 표적 동시 식별 〉 폭발물 탑재 식별 〉 장거리 표적 식별순으로 가중치를 두고 확인
- 차단 시스템은 다수 표적 동시 차단 〉 소프트킬 능력 〉 하드킬 능력순으로 가중치를 두고 확인
- 다수 표적 동시 탐지, 식별, 차단을 할 수 있는 기능 유무를 우선적으로 확인(군집 드론 테러에 대비)
- 안티드론 시스템 설치가 현행 법규에 저촉되는지 여부를 확인
- 국가중요시설 등급별로 대안 형태를 연계하여 선택하되('가'등급은 대안1, '나'등급은 대안2, '다'등급은 대안3) 각 시설의 특성과 여건을 고려하여 맞춤식으로 구축
- 안티드론 시스템에 장비나 기능을 추가로 운용 시 기술적인 연동 가능 여부를 확인
- 대안 장비 선정 시 국가중요시설 현장에서 성능을 직접 점검하여 신뢰도 확인, 전문 요원 및 운용 유지 비용 지속 확보
- 레이더와 레이저 건 등 2차 피해가 우려되는 장비 사용 간 안전 대책 확인

에필
로그

군사용으로 처음 활용되었던 드론이 최근에는 기술의 발전과 함께 민간 부문에서 다양한 산업과 레저용으로 각광을 받아오고 있다. 간편하게 조작되는 편의성과 경제적 측면에서 방송, 재난, 재해, 구호, 농사 등 다양하게 활용되고 있다. 그러나 테러에 악용될 경우 엄청난 피해를 줄 수 있음을 최근의 국제적인 사례를 통해 우리는 알게 되었다. 향후 드론이 위험과 범죄에 사용하는 사례를 우리는 더 많이 목격하게 될 것이다. 안티드론 시스템을 준비해야 하는 이유이다. 2020년에는 안티드론을 준비할 수 있는 근거가 될 전파법과 공항시설법 일부 개정안도 국회 본회의를 통과하였다. 이를 계기로 추가 관련 법안들도 계속 정비될 것이다. 이미 전 세계적에서 드론 테러에 대비하는 각종 시스템이 4차 산업 기술 개발에 맞추어 빠르게 개발되고 발전하고 있다. 최근 우리 정부도 발 빠르게 안티드론에 대한 종합 대책을 마련하는 등 다양한 조치를 취하고 있지만, 아직까지는 청와대, 공항 등 일부 국가중요시설에만 부분적으로 시범 운용하고 있는 실정이다. 현실적으로 국가중요시설이 지역마다 광범위하게 분포하고 있고, 시설별 기관 관리자에게 방호 책임이 부여되어 있어서 국가중요시설 관리자의 관심 정도에 따라 대응 준비가 다를 수밖에 없다. 따라서 이 책에서는 국가중요시설에 안티드론 시스템을 구축하게 될 때, 영향을 많이 미칠 수 있는 장비 기능 요소들의 우선순위를 확인해보고, 현재 시중에서 판매되거나 개발되고 있는 장비들을 어떻게 구성하는 것이 적절할 것인가에 대한 대안들을 고찰함으로써 안티드론 시스템 구축에 관한 일종의 방향성을 제시하고자 했다. 앞으로도 국가중요시설 안티드론 시스템을 보다 발전시키기 위해 다음과 같은 연구 이슈는 계속 후속 연구가 필요하다고 생각한다.

첫째, 갈수록 위협적으로 다가오는 군집 드론에 의한 테러에 어떻게 대비할 것인가에 대해 연구해 나가야 한다. 예상되는 군집 드론의 다양한 공격 형태(예를 들면, 편대 공격 혹 개별 공격 등), 대응 기술 개발 등 구체적인 연구를 통해 미래 군집 드론 개발의 로드맵과 활성화와 병행하여 미리 대비해 나가야 한다.

둘째, 대규모 스포츠 행사라든지 주요 국가 행사에 합법과 불법 드론이 혼재되어 있을 때 이를 짧은 시간에 식별하여 즉각 조치할 수 있는 높은 수준의 전문 인력을 어떻게 확보할 것인가를 고민해야 할 것이다.

셋째, 안티드론 기술이 발전하면 할수록 이에 더 견고하게 안티드론 기술을 무력화시키는 드론의 기술도 계속 향상되어 갈 것이다. 마치 창과 방패의 논리처럼 더 날카로운 창이 되어 더 작아지고 더 저렴하고 더 많은 능력을 갖게 될 것이다. 드론건을 피하는 드론, 더 빨라지는 드론의 공격 형태 등에 대해 어떻게 대응할 것인가에 대해 계속 연구해 나가야 한다.

넷째, 안티드론 기술 개발 로드맵 추진을 정부가 앞장서야 하며 우리의 뛰어난 IT 기술을 바탕으로 안티드론 기술력도 세계적 선도국가로 이끌어 나가야 한다. 안티드론 기술이 계속 발전하기 위해서는 안티드론 시스템을 운영할 국내 수요가 우선 확보되어야 한다. 그런 수요가 우선 시급한 곳이 바로 국가중요시설들이다. 국가중요시설부터 안티드론 시스템을 모두 구축해야 하며, 이를 위해 관련 법규 제·개정과 주파수 할당 등 여러 가지 제도적 지원을 어떻게 해나갈 것인가를 부단히 연구하여 정책적으로 발전시켜야 할 것이며, 국내 연구 개발을 통해 세계적으로 우수한 장비들이 만들어질 수 있는 풍토를 조성해야 할 것이다.

다섯째, 국가중요시설에 안티드론을 구축한 이후에는 평시에 관리 및 운영을 잘하기 위해 어떻게 평가할 것인가 하는 개념을 미리 준비해야 한다. 인적 요소의 교육 훈련과 성능 좋은 장비의 구비, 신속하고 철저한 대응 시스템 구축에 대한 평가를 어떻게 하느냐에 따라 안티드론 시스템이 더욱 발전하는 계기가 될 것이다.

이 책이 비록 소소한 연구 결과에 불과할지라도, 지금까지 안티드론 관련 연구 논문들이 대부분 주장해온 시스템 구축의 필요성에서 벗어나 어떤 기능을 가진 장비들로 시스템을 구축할 것인가에 대해 중점을 두고 실증 연구를 하였다. 저자가 국가중요시설 통합 방호 업무 분야에서 근무한 경험을 토대로, 고민하고 연구했던 결과를 관계자들과 함께 공유하고자 한다. 안티드론 분야의 발전적인 미래에 조금이나마 보탬이 되었으면 하는 소박한 바람으로 감히 용기 있게 이 주제를 던져 본다.

「국가중요시설 지정 및 방호 훈령」
제7조(국가중요시설의 분류 기준)

1. 국가 및 공공기관 시설

1) '가'급: 청와대, 국회의사당, 대법원, 정부(서울, 과천, 대전, 세종)청사, 국방부·국가정보원 청사, 한국은행 본점

2) '나'급: 중앙 행정 기관 각 부처 및 이에 준하는 기관, 대검찰청·경찰청·기상청 청사, 한국산업은행·한국수출입은행 본점

3) '다'급: 중앙 행정 기관의 청사, 국가정보원 지부, 화폐 수급 업무를 수행하는 한국은행 각 지역 본부, 다수의 정부 기관이 입주한 남북 출입 관리 시설, 기타 중요 국공립 기관

2. 산업 시설

1) '가'급: 철강, 조선, 항공기, 정유 등 국가 경제에 중대한 영향을 미치는 대규모 산업 시설, 전투기, 전차, 함정, 화포 등 중화기를 생산하는 방위 산업 시설 중 파괴 또는 기능 마비 시 국가 안보에 직접적인 영향을 미치는 시설, 1,000만 배럴 이상의 대규모 저유 시설과 LNG, LPG 인수 기지, 연

쇄적인 폭발 위험성이 있는 대규모 총포탄, 화약류 생산 시설

2) '나'급: 국가 경제에 영향을 미치는 중요 산업 시설로서 파괴 시 대체가 곤란한 시설, '가'급 이외의 방위 산업 시설 중 주요 전투 장비의 완제품 및 핵심 부품 생산 시설, 200만 배럴 이상의 저유 시설과 1,000톤 이상의 LPG 저장 시설

3) '다'급: 100만 배럴 이상의 저유 시설과 500톤 이상의 LPG 저장시설, 기타 '가'급, '나'급 이외의 특별한 보호가 요구되는 산업 시설

3. 전력 시설

1) '가'급: 원자력 발전소

2) '나'급: 발전 용량 100만㎾ 이상인 발전소, 345㎸ 이상 변전소 중 4Bank(계통) 이상을 연결하고, 주변압기가 4Bank(계통) 이상 설치된 변전소, 특별한 보호가 요구되는 급전소 시설

3) '다'급: 발전 용량 50만㎾ 이상인 발전소, 한강 수계상의 주요 발전소, 345㎸ 이상 변전소 중 3Bank(계통) 이상을 연결하고, 주변압기가 4Bank(계통) 이상 설치된 변전소 및 765㎸ 변전소 등 중요 변전소, 특별한 보호가 요구되는 기타 전력 시설 및 급전분소 시설

4. 방송 시설

1) '가'급: 전국권으로 방송되는 공영 라디오·TV 방송 제작 시설, 라디오 방송 송신 출력 500㎾ 이상의 송신 시설

2) '나'급: 전국권으로 방송되는 민영 라디오·TV 방송 제작 시설과 공영 방송의 도 단위급 지방 총국, 공영 라디오 방송 송신 출력 250㎾ 이상의 송신 시설, 수도권에 위치한 TV 방송 송신 출력 VHF 10㎾ 이상의 송신 시설

3) '다'급: 공영 라디오 방송 송신 출력 100㎾ 이상의 송·중계 시설, TV 방송 송신 출력 VHF 10㎾ 이상 및 UHF 30㎾ 이상의 송·중계 시설

5. 정보 통신 시설

1) '가'급: 정부 전산망 통합관리시설, 종합 전파탑

2) '나'급: 국제 위성지구국(저궤도 제외), 국제 해저 중계국, 위성통신 주 관제소, 경호·안보 통신 업무 총괄국, 불온전파 감청, 방향 탐지 지휘 시설, 국가 경제에 중대한 영향을 미치는 정보 통신 기반·관리 시설

3) '다'급: 경호·안보 통신 및 주요 군 작전 통신 수용 집중국, 불온전파 감청·방향 탐지 시설, 민방공 경보 센터, 민방공회선 수용 집중국, 3,000회선 이상의 국제 통신 주요 관문국 및 위성 통신부 관제소, 국가 중요 데이터 백업 시설

6. 교통 시설

1) '가'급: 종합 항공·교통 관제 시설, 특별한 보호가 요구되는 한강 상 주요 교량·철교, 전국 단위 열차 운행 종합사령실

2) '나'급: 지역 단위 철도·지하철 종합 사령실 및 종합 운영 시스템, 남북으로 연결된 주요 간선 중 군사 작전에 중요한 영향을 미치고, 주요 산업 시설과 연결된 구간상의 철교, 우회 수송로상의 트러스교 및 경간교 중 48시간 이상 복구 시간이 소요되는 주요 철교

3) '다'급: 주요 지하철 노선상의 하저 터널, 군사 작전상 특별한 보호가 요구되는 주요 교량(철교) 및 터널

7. 공항

1) '가'급: 국제공항

2) '나'급: 국제공항을 제외한 주요 국내 공항

8. 항만 시설

1) '가'급: 1만 톤 이상의 선박 출입이 가능하고, 동시 접안 능력이 100만 톤 이상인 항만 시설

2) '나'급: 1만 톤 이상의 선박 출입이 가능하고, 동시 접안 능력이 50만 톤 이상인 항만 시설

3) '다'급: 동시 접안 능력이 10만 톤 이상인 항만 시설, 기타 특별한 보호가 요구되는 항만 시설

9. 수원 시설

1) '가'급: 급·취수 능력 1일 150만 톤 이상의 상수도 및 공업용수 공급 시설, 총 저수 용량 10억 톤 이상의 다목적댐

2) '나'급: 급·취수 능력이 1일 100만 톤 이상의 상수도 및 공업용수 공급 시설, 총 저수용량 5천만 톤 이상의 용수 공급 전용댐, 기타 주요 다목적댐

3) '다'급: 급수 능력 1일 50만 톤 이상의 상수도 및 공업용수 공급 시설, 기타 특별한 보호가 요구되는 용수 공급 전용댐 및 홍수 조절용 댐

10. 과학 연구 시설

1) '가'급: 종합적인 체계를 갖춘 연구 시설, 핵연료 개발 연구 시설

2) '나'급: '가'급 이외의 국가안보상 특별히 보호가 요구되는 과학 연구

11. 교정·정착 지원·외국인 보호 시설

1) '가'급: 공안 및 공안 관련 사범의 수용을 위주로 하는 교정 시설, 2,000명 이상 수용하는 교정 시설, 북한 이탈주민 정착 지원 시설, 500명 이상 수용하는 외국인 보호 시설

2) '나'급: 1,000명 이상 수용하는 교정 시설, 휴전선 부근 취약 지역에 위치한 교정 시설, 200명 이상 수용하는 외국인 보호 시설

3) '다'급: '가', '나'급 이외의 교정·외국인 보호 시설(개방 교도소 제외), 특별한 보호가 요구되는 기타 교정·외국인 보호 시설

12. 지하 공동구 시설

1) '가'급: 전력, 통신을 포함한 3개 이상의 시설을 수용하고, 대도시 인구 밀집 지역에 소재하여 기능 마비 시 피해 영향이 크며, 국가 중요 기관 또는 금융 공동망, 증권망 등 경제·사회적 파급 영향이 큰 전산망이 수용된 지하 공동구 시설

2) '나'급: 전력, 통신을 포함한 3개 이상의 시설을 수용하고, 대도시 인구 밀집 지역에 소재하여 기능 마비 시 피해 영향이 큰 지하 공동구

3) '다'급: 기타 '가', '나'급 이외의 지하 공동구 중 특별한 보호가 요구되는 지하 공동구 시설

| 참고 문헌 |

· 「신뢰할 수 있는 허가형 블록체인 기반 전자투표 시스템 설계 및
구현」, 성신여대 석사논문, 11. 강희정, 2019.

· 「미래전 대비, 무인기의 군사적 운용 방향」, 「국방정책연구」,
제35권 제1호, 11-13. 강한태, 2019.

· "드론산업 발전 기본계획(2017~2026)" 보도 자료, 국토교통부,
2017.

· "전파법 일부개정법률안" 국회 과학기술정보방송통신위원회,
2020.

· "공항시설법 일부개정법률안" 국회 국토교통위원회, 2020.

· 「다기준 의사결정 방법론 이론과 실제」, 182-183, 192. 권오정,
북스힐, 2018.

· 「한국의 선진국방 전력체계 구축을 위한 국방비 적정수준에 관한
연구」, 103. 김기택, 2009.

· 「군보안상 드론위협과 대응방안」, 「디지털융·복합연구」, 제16권
제10호, 226. 김두환·이윤환, 2018.

· 「드론의 안전한 운용과 프라이버시 보장을 위한 법제 정비 방안」,
「국회도서관 법률정보실」 김명수, 2018.

· 「안티드론 기술의 이론과 실제-드론, 어떻게 방어할
  것인가?」, 「시큐리티월드」, 97. 김보람, 2017.

· 「한국 내 드론 테러 발생 개연성에 관한 정책적 제안」,
  「한국군사학논집」, 제75집 제2권, 김선규·문보승, 2019.

· 「드론의 역습-새로운 패러다임의 위협과 안티드론」, 「국방과
  기술」, 제470호, 142-151. 김용환·송영수·심현석, 2018.

· 「한국군의 뉴테러리즘 위협에 관한 대응방안 강구」, 한성대학교
  국방과학대학원 석사논문. 23. 김충호, 2016.

· 「무기체계 소요기획에 관한 영향요인의 우선순위 결정 방안
  연구」, 광운대 박사학위 논문, 72-74. 김흥빈, 2014.

· 「경찰 예방임무용 Anti Drone 활용방안에 관한
  연구」, 「한국치안행정논집」, 제15권 제3호 김형주, 이상원, 2018.

· 「안티드론 재밍과 드론기술진화 관련성 연구」, 「경찰학연구」,
  제19권 제3호, 김형주, 김범모, 2019.

· 「사업용 드론의 운용과 안전에 관한 연구」, 명지대 박사학위 논문,
  류연승, 2018.

· 「작전운용성능 결정을 위한 체계적 분석기법 연구」, 19-20.
  류영기, 2011.

· 「드론학개론 현장가이드북」, 배움출판사, 2020, 166-167, 453-
  455. 민진규·박재희

· 「사우디에서 드러난 드론테러의 위협」, 「국가안보전략연구원」, 이슈프리프 통권 151호, 1-2, 박보라, 2019.

· 「무인항공기에 대한 법적쟁점연구」, 「홍익법학」, 제16권 제2호, 83, 박지현, 2015.

· 「국방 군집로봇 기술로드맵」11-24, 방위사업청·국방기술품질원, 2020.

· 「안티 드론산업의 시장 분석과 주요국의 기술 솔루션 동향」, 「리서치 센타」, 53-63, 118, 산업정책분석원, 2019.

· 「드론 무인비행장치」(㈜)시대고시기획, 2020, 3-52. 서일수·장경석 편저

· 「블록체인 기반 신뢰적 뉴스 검증 시스템 설계」, 숭실대 석사논문, 10. 손서연, 2019.

· 「북한 무인항공기 및 초경량 비행 장치 위협에 따른 대응방안 연구」, 「군사연구」, 제146집, 송준영, 2018.

· 「드론학개론」, 복두출판사, 2019, 13-14, 296-303. 신정호·오인선·강창구

· "군 비행선·킬러 드론 떴다...테러 꼼짝마", 조선일보, 2018. 석남준

· 「드론의 군사적 효용성(활용성) 및 발전전략」, 조선대 군사발전연구, 엄범용, 2018.

· 「Count-UAS System 산업동향 및 제도」 오세진, 2018.

· 「드론과 안티드론」, 구미서관, 2020, 21-22, 78-91.
  오세진·서일수·김태훈·정진만

· 「무기체계 작전운용성능(ROC) 결정 영향요인의 우선순위에 관한
  연구」, 광운대 박사학위 논문, 오원진, 2018.

· "드론봇 전투체계 발전세미나" 자료, 육군본부, 2019.

· 「국내·외 드론 산업 현황 및 활성화 방안」, 「부동산포커스」, 06-
  11. 윤광준, 2016.

· 「안티드론 개념 정립 및 효과적인 대응체계 수립에 관한 연구」,
  「한국경호경비 학회지」, 60호, 23. 이동혁·강욱, 2019.

· 「지능형정보화 시대의 테러유형과 대응방안」, 「국방연구」, 제60권
  제1호, 이만종, 2017.

· 「경찰분야 드론의 활용방안에 관한 연구」, 한세대 박사학위 논문,
  이임걸, 2018.

· 「AHP 및 ANP 기법을 활용한 아파트 구매결정요인 우선순위에
  관한 연구」, 19-21. 이정희, 2012.

· 「국내·외 드론 산업 현황 및 활성화 방안」, 「부동산포커스」
  윤광준, 2016.

· 「드론을 활용한 효율적 재난안전관리 방안 연구」,
  목원대학원장태현, 2018.

· 「드론 테러의 사례 분석 및 효율적 대응방안」, 「경찰학논총」, 제14권 제2호, 158. 정병수, 2019.

· 「안티드론 기술의 현황과 적용에 대한 연구」, 「한국경호경비학회」 정제용·전용태, 2017.

· 「국가중요시설 안전관리 강화방안」, 「한국치안행정논집」, 제8권 제1호, 93. 정태황, 2011.

· 「무인기 / 드론의 이해와 동향」, 「한국통신학회지」 진정회·이귀봉, 2016.

· 「국가중요시설의 물리보안 수준과 보안정책 준수의지가 보안성과에 미치는 영향」, 경기대학교, 11. 최연준, 2018.

· 「국회 드론 활용 및 안티드론시스템 도입에 대한 인식 연구」, 경기대학원 박사학위 논문, 61-64. 최오호, 2019.

· 「AHP 기법과 판단지수를 활용한 창정비 수행기관 선정 방안 연구」, 29-31. 최담, 2015.

· 「안티드론 기술 동향」, 「전자통신동향분석」, 통권 171호, 79. 한국전자통신연구원, 2018.

· 「무인항공기(드론) 확산에 따른 국회 보안강화 방안」, 59-62, 79-80. 한국행정학회, 2019.

· 「국가중요시설의 드론테러위협 대응방안 연구」, 용인대 석사논문, 홍태현, 2019.

· 「국가중요시설의 Anti-Drone 시스템 구축에 관한 실증연구: 계층분석 기법을 중심으로」, 고려대 박사논문, 곽해용, 2021.

· A. S. Gibb, "Droning the story", Master of Journalism, 2013.

· Aeronautics, and Aerospace, 2018.

· Arthur holland Michel, Counter-Drone system, 2019.

· Drone-detection-system.com, Home AARTOS Drone Detection, 2020.

· Directorate(CTED) Report, Greater Efforts Needed to Address the Potential

· Doctrine Needed. US Army School for Advanced Military Studies Fort Leavenworth United States, 2018.

· European Union, Artificial Intelligence and Civillaw : Liability Rules for Drones, 2019.

· FAA Aerospace, Unmanned Aircraft System, 2019.

· Georgia Lykou외 2, Defending Airports from UAS:A survey on Cyber-Attacks and Counter-Drone Sensing Technologies, 2020. 12-13.

· Jeremy, Unmanned aerial systems: Considerayion of the use of force for law enforcement applications, Technology in Society, 39, 2014.

· Kowrach, J. M. US Army Counter-Unmanned Aerial Systems: More Straub.

· Kris Osborn, The National Interest Magazine, "Drone swarms : Can the U ·S Military Defeat Them in a war?", 2020. 10. 21. 기고문

· Kristen E. Boon, Terrorism: The Drone War of the 21st Century: Costs and Benefits, Oxford University Press, 2014.

· Pant, Atul, "Drones: An Emerging Terror Tool", Journal of Defence Studies, 2018.

· Risks Posed by Terrorist Use of UAS, 2019.

· Scientific and Technical journal, General Approach to Counter Unmamed Aerial vehicles, 2019.

· Technologies : Architecture, Implementation, and Challenges, 2018.

· T.L.Saaty, "Axiomatic foundation of the analytic hierarchy process", 1986, 841−855.

· United Nations Security Council Counter−Terrorism Committee Executive

· Vivek Gopal, Developing an Effective Anti−Drone System for India's Armed forces, 2020.

· Wallace, R. J., Loffi, J. M., Quiroga, M., & Quiroga, C. Exploring Office of the Security of Defense, "Unmanned Aircraft Systems Roadmap 2005−2030", 2005.

· Xiufang Shi 외 2명, Anti-Drone system with Multiple
  Surveillance , 2020.

· 나우뉴스, "시속 30만km로 드론 순식간 격추…",
  nownews.seoul.co.kr /news/ newsView.php?id=
  20140911601033 (검색일자: 2020. 11. 20.)

· 네이버 지식백과, "드론 비행을 위한 항공법규", https://
  search.naver.com/search.naver?where=nexearch&sm=sta_hty
  .terms&ie=utf8&query=드론%20비행을%20위한%20항공법규
  (검색일자: 2020. 11. 3.)

· 디지털타임즈, "안티드론", http://www.dt.co.kr/
  contents.html?article no= 201703060210307673101 (검색일자:
  2020. 5. 20.)

· 문화일보, "SF 영화 곡의 군집드론 2030년초 현실로",
  http://www.munhwa.com /news/view.html?no=20201106
  MW090515496781 (검색일자: 2020. 11. 6.)

· 세계일보, "드론현실화…",https://www.segye.com/newsView/
  20190920509544?OutUrl= naver (검색일자, 2020. 5. 20.)

· 시큐리티월드, "드론 테러로부터 일상의 안전을 지키는
  안티드론", https://www.boannews.com/media/
  view.asp?idx=83948&kind=(검색일자: 2020. 11. 5.)

· 오세진, "Counter-UAS Systems 산업동향 및 제도", file:///C:/
  Users/haeyo/Downloads/fileDownload2.pdf (검색일자: 2020. 5. 10.)

· 연합뉴스, "인천공항 인근에 뜬 불법드론..항공기 5대 김포공항 회항", https://www.yna.co.kr/view/ AKR20200926042252004?input=1179m (검색일자: 2020. 11. 5.)

· 연합뉴스, "드론 잡는 '레이저총' 첫 공개...유탄발사 드론총 선보여", https://www.yna.co.kr/view/AKR20200121103100504 (검색일자: 2020. 2. 1.)

· 연합뉴스, "美, MQ-9 리퍼 동원 이란 군부실세 제거… '드론전쟁시대' 열리나", https://www.yna.co.kr/view/ AKR20200105020400504?input=1179m (검색일자: 2020. 1. 5.)

· 연합뉴스, "드론으로 폭탄공격…마두로 베네수엘라 대통령 암살위기 모면", https://www. yna.co.kr/view/ AKR20180805007452009?input=1195m (검색일자: 2020. 12. 1.)

· 연합뉴스, "드론테러 현실이 되다…", https://www.yna.co.kr /view/ AKR20190916062100504?input=1195m (검색일자: 2020. 5. 20.)

· 연합뉴스, "프랑스 원자력 발전소에 나타난 '슈퍼맨'의 정체는", https://www.yna.co.kr/view/ AKR20180705063400704?input=1195m (검색일자: 2020. 5. 20.)

· 연합뉴스, "북한 무인기 발진 및 추락지점", https:// news.v.daum.net /v/20140508120118634 (검색일자: 2020. 5. 20.)

· 조선일보, "규제 확 풀어… 2025년 드론 택배 뜬다", https:// www.chosun.com /site/data/html_dir/2019/10/18/2019101800 277.html (검색일자: 2020. 10. 15.)

· 조선일보, "軍비행선·킬러 드론 떴다… 테러, 꼼짝마", https://
www.chosun.com/site/data/html_dir/2018/01/10/2018011000
096.html (검색일자: 2020. 5. 20.)

· 조선일보, 유용원의 밀리터리 시크릿 "군사강국들의
미래전 게임체인저 군집로봇 개발전쟁", https://
www.chosun.com/politics/politics_ general/2020/11/24/
ZS6ZGWIFJNFSFCPTQWEUZKAJOQ/ (검색일자: 2020. 11. 24.)

· 조선일보, "드론 1만 4000대 '붕붕', 항공기가 불안하다", https://
www.chosun.com/national/2020/10/17/IV4YPFSJVBCBXHIJ
GUREERBLKI/?utm_source=naver&utm_medium=original&ut
m_campaign=news (검색일자: 2020. 10. 17.)

· 조선일보, "8km 거리 소형드론 식별 '안티드론 레이더'
나왔다… 내년 국군에 도입", https://biz.chosun.com/site/data/
html_dir/2020/12/17/ 202012170 1215.html (검색일자: 2020. 12. 17.)

· 중앙일보, "북한, 드론 통해 한 시간 내 서울에 생화학공격 가능",
https://news.joins.com/article/21604615 (검색일자: 2020. 9.1)

· 중앙일보, "군사용 드론의 두 얼굴 '안티 드론' 확산…우리는
얼마나 준비돼 있나", https://news.joins.com/article/23447397
(검색일자: 2020. 10. 5.)

· new1, "인도 국방장관 韓방산 만난다…비호복합 수출길 열리나",
https://www.news1.kr/articles/?3710260 (검색일자: 2020. 5. 15.)

· 한국면세뉴스, "한국공항공사 · KAIST, 드론탐지 레이더 시제품 개발...2.5km 이상 초소형 드론도 탐지", https://www. kdfnews.com/news /articleView.html?idxno=63030

· ArmyTechnology, https://www.army−technology.com/news/ us−army− anti−drone −technology (검색일자: 2019. 4. 18.)

· Army Technology, https://www.army−technology.com/news/ us−army− anti−drone −technology (검색일자: 2019. 4. 18.)

· Blighter Surveillance Systems,https:// www.blighter.com /wp− content/uploads / airport− security−white−paper.pdf (검색일자: 2020. 11. 1.)

· CAMBIO, https://www.diariocambio.com.mx/2019/secciones/ interesantopolis/item/24431−tienes−que−verlo−ejercito− frances−experimenta−con−armas−futuristicas−video (검색일자, 2020. 11. 1.)

· Droneshield, https://www.droneshield.com/rfzero (검색일자: 2020. 11. 2.)

· Desarrollo defensa y technologia belica, https:// desarrollodefensa ytecnologiabelica.blogspot. com/2018_09_19_archive.html (검색일자: 2020. 11. 1.)

· DRONII.com, "Drone Maket Report 2020−2025", https:// droneii.com /drone−manufacturer−market−shares−dji−leads− the−way−in−the−us (검색일자: 2020. 12. 1.)

· Evenning Standard, https://www.standard.co.uk/news/
gatwick-airport- runway-shut- after-emergency-landing-
6733391.html (검색일자: 2020. 11. 1.)

· LITEYE.COM, "China shows New Drone with Grenade
Launchers", https://liteye.com/china-shows-new-drone-
with-two-grenade-launchers/ (검색일자: 2020. 10. 5.)

· News Break, https://www.newsbreak.com/
news/1231111761409/ revealed-gatwick-airports-1million-
military-grade-anti-drone-system-that-tracks-and-downs-
devices-as-chaos-spreads-to-heathrow-with-flights-
delayed-after-police-see-rogue-craft-above-runway
(검색일자: 2020. 11. 1.)

· MarketsandMarkets, "Anti-Drone Makets with COVID-19
Impact-Global Forecast to 2025", https://www.asdreports.com/
(검색일자: 2020. 11. 10.)

· Security,https://www.securitymagazine.com/articles/90535-
drones-and -security -the-future-of-public-space-safety
(검색일자: 2020. 11. 10.)

· srcinc.com, https://www.srcinc.com/products/counter-uas/
silent-archer-counter-uas.html (검색일자: 2020. 11. 30.)

· The New Indian Express, https://www.newindianexpress.com/
states /telangana/2020 /aug/01/now-eagles-to-take-down-
illegal-drones- in-telangana-2177572.html (검색일자: 2020. 11. 1.)

기타

· 「경비업법」

· 「경비업시행령」

· 「국가중요시설 지정 및 방호훈령」

· 「국민보호와 공공안전을 위한 테러방지법」

· 「드론 활용의 촉진 및 기반조성에 관한 법률」

· 「통합방위법」

· 「통합방위지침」